樸氏顱骶療法
——嬰幼兒指南

樸善文⋯⋯著

麗桃⋯⋯攝影

劉莉莉⋯⋯繪圖

梁小島　謝孟渝⋯⋯翻譯

中和出版
OPEN PAGE
中

所有珍貴的事物都是脆弱的。
　　——荷蘭藝術家、詩人 Lucebert

一切眾生本來是佛。
　　——白隱慧鶴禪師 Hakuin

別忘了當你與嬰兒對話時，你不是在跟笨蛋說
話而是在與一個靈魂交流！
　　——印度智者 Anubhava

中 文 版 代 序 ：
讓 書 裡 的 照 片 感 染 更 多 人

文：梁小島

編按：2019 年夏天，樸氏顱骶療法及課程創辦人樸善文首度在香港開設樸氏顱骶療法基礎課程，更將香港作為他在亞洲地區的首個常設教學點。其著作《樸氏顱骶療法 —— 嬰幼兒指南》（ *Cranio sacraal therapie voor baby's en kinderen* ）於 2005 年首次在荷蘭推出法文版，如今經作者親自修訂，推出中文版本。譯者梁小島藉樸善文來港授課，就本書內容進行採訪，兼作代序。

問：為甚麼要寫一本專門針對嬰幼兒的顱骶治療指南？

答：我與太太麗桃在 20 多年前一起創立樸氏顱骶治療事業，她負責處理行政和其他支援性事務，我則專注於治療工

作。做了差不多十年，開始有不少母親帶着她們的幼兒，甚至是初生嬰兒來我們的治療室接受治療，於是我接觸了不少嬰幼兒患者。當我在替嬰幼兒治療時，麗桃會從旁協助。她有一雙敏銳的眼睛，能捕捉到治療的重點，並在菲林上重現。

麗桃拍了很多照片，這些照片最特別的地方，是捕捉了我和寶寶們在治療時產生的情感面向，把過程中我的治療手法、寶寶們的反應和狀態都完整而真實地記錄下來。這樣的照片多到裝滿了三個鞋盒。後來我們把照片拿給其他人看時，他們都會受到觸動。於是我和太太決定要做一本書 —— 我們的照片多着呢！所以這本書最初的構想是從照片開始的，圖片比文字表達得更清楚、直接。我們先將照片分類，然後太太會問我一些和治療相關的問題。我們再把圖片與文字按章節編排好。書對於我們來說是能跨越國界，被更多人看到的一種形式。而且書裡面的照片可以直達人心，相比之下，文字的部分反而較為次要了。

現在這本書距離初版已經 20 多年了，我還時不時會收到一些陌生人的來信，這些來自世界各地的讀者告訴我，書裡的照片如何令他們感動不已，並詢問哪裡有這樣的治療——這也是我們做這本書的目的，讓大家明白顱骶療法對嬰幼兒何其重要。對於需要幫助的孩子，越早治療越好。

　　分娩有時會令人恐懼，因為疼痛會令母親懼怕，還有小寶寶的身體要經過那麼狹窄的產道——當然這是大自然的設計，在人體形成一套絕妙的系統。小寶寶出世後接受母乳哺育，他們的頭骨和脊椎骨便會重新調整，吮吸的力量已經足夠令那些被產道擠偏的頭骨重新排好。但有很多小寶寶得不到母乳哺育，他們便需要顱骶療法的幫助。

　　問：你說顱骶療法適用於所有人。但在書裡卻提到，自己花了六年多時間才開始接觸嬰幼兒患者。為甚麼呢？

答：其實我們有很多方式和一個人建立聯繫或者溝通，無論對方是剛出生的嬰孩，或是已逝去的至親好友，我們都不是通過語言，而是依賴感覺。從這個層面上來看，能接受顱骶療法的人不限於年齡，而新生兒的治療效果則更明顯，因為小寶寶們的骨頭還很細小，沒有定型，可塑性很大，所以為甚麼不在出生的頭幾年就把骨頭的問題解決好呢？

對於準媽媽來說，最重要的是擺脫恐懼的心理。只有當身體的系統被打開，小寶寶在出生時就不會遭遇太多阻礙。而對於大部分的醫院來說，產婦逐漸成為一個個號碼，而產房的環境也沒有對產婦很友好。當媽媽不能放鬆下來，分娩就因此變得不易。

不過給嬰幼兒做顱骶治療，確實需要足夠的信心。他們太小，太嬌弱。我嘗試了很多年，才漸漸學會如何與小寶寶自然地相處。幸運的是，我還有太太麗桃幫助我去了解和治療這些小寶貝。

問：這一行裡也有其他了解如何治療嬰幼兒的顱骶治療師，但為甚麼關於嬰幼兒治療的專著卻非常少？

答：顱骶療法仍是非常新的治療系統，到目前為止還沒完全進入大眾視野，大多數人可能連聽都沒聽過。這也是我們做這本書的原因，讓書裡的照片去感染更多人。

我很幸運，（在我工作時有）太太能如此投入地進行拍攝。她拍照時並沒有從臨床治療的角度出發，但看過這本書的人卻會說：「我也想這樣幫助我的孩子。」或者「我也想學習這種治療手法。」當然，另一種現實的情況，是很多治療師在工作時並不會有專人替他們拍照。我認識幾位同行，他們也有很多治療嬰幼兒的經驗，但是除了孩子的母親，沒有人能看到整個治療的過程。這是這本書的另一個特別之處，它記錄得非常全面。

除此之外，並不是每一個治療師都能克服在鏡頭面前曝光

的恐懼。如果治療師在意或者不確定自己的治療手法是否正確，那便不會公開他們工作的內容。

問：當初你太太是為了要記錄工作內容才拍照片的嗎？

答：倒不是，她純粹是為了興趣，拍攝的用途對她來說是次要的，也沒有想到日後會結集成一本書。我太太只是想抓住那些觸動她的時刻，這些照片可以看成是她的藝術創作。

太太和我都是冥想修習者。冥想的過程本身就是關乎當下，把握此時此刻，在對此時此刻的觀察中進入「無我」的狀態。這些都不是刻意為之，而是很自然發生的。我太太的攝影本質上也就是冥想的產物。

問：書裡體現了很多你對生命、對世界的看法，是否受到哪些宗教或哲學的影響？

答：我曾經很努力尋找一條屬於自己的道路，因為我接受的教育、我的父母都不允許我做自己，這曾讓我陷入很深的痛苦中。所以那時我的精神追求就是要找回自己。

當我發現自我被傳統教育囚禁起來時，我便開始尋找「越獄」的可能性。和老師們的想法不同，我一直認為自己是很聰敏的。當時正好療癒運動在歐美國家興起，我有機會接觸很多療癒方法，比如原始吶喊療法、呼吸重生療法，也了解過會心團體（Encounter Groups）。這些療法讓我得以在自我發現的過程中走得更遠。最受用的是各種風格的冥想修習以及能量釋放的方法。這些無關哲學，無關宗教，只是不斷的練習和運動，使我能夠釋放此前受到壓抑的能量。最後我得以感受到「空境」和「無我」的狀態。

從事顱骶治療，對我來說就是進入「無我」之境的途徑。如果你治療小寶寶時想這想那就行不通。幸好我在很年輕時

就遇上顱骶療法，大概在 1980 年代末。後來我一直專注在這個專業裡，每天都在練習和使用顱骶療法，每天都處於「無我」的冥想狀態。現在我一年中大概只有兩個月不用教學，其他時間基本每週工作四至五天。

問：對於一般讀者來說，你希望大家怎麼使用這本書？

答：這不是一本教科書，更不是工具書。雖然我會在教授嬰幼兒治療的課堂上使用，但來到這個階段的學生，對顱骶的原理和技巧都已經很熟悉了；對於其他治療師來說，他們可以很快掌握我的治療手法；至於準父母們，這本書可以讓他們了解我的顱骶療法如何幫助新生嬰兒，而這會與兒科醫生的診治方法完全不同。我們認為，小寶寶的身體其實只需要一點外在的幫助，就能夠自行調整，讓他們的身體重新運作暢順。

我們從顱骶療法中學到的是如何傾聽來自身體深處的信

息。透過手與身體的接觸，身體會告訴我們哪裡在求助，這有點像針灸，針灸師要從身體的脈動找到癥結所在。

　　這本書的文字部分基本解釋了如何使用顱骶療法治療嬰幼兒，但正如前面所說，文字是次要的。我希望大家先仔細看看書裡的照片，這些照片已經能說明顱骶療法到底是甚麼。我想讓大家先用感覺去體會這本書。

　　問：你反對現代醫療系統嗎？

　　答：絕對不會。我並沒有批判西醫，但反對過度醫療，很多問題其實只需要我們做一點協助工作（就可以解決）。我們使用手療的出發點，就與幾千年前發明針灸是一樣的。

　　問：書裡你提到刺激孕婦身上的幾個人體穴位，會幫助胎兒調整胎位，你認為顱骶療法跟中醫有相似之處嗎？

答：顱骶療法和中醫不同，但目的是一樣的。針灸、中醫，無論名稱是甚麼，它對於能量如何在身體內流動，已經積累了豐富的經驗和知識。身體系統就像交通一樣，如果哪部分堵塞了，細胞就得不到足夠的氧氣，體內需要排洩的廢物也排不出去。針灸就是找出堵塞之處，幫助身體的能量重新流動。

　　我們的工作類似。在治療中會取幾個人體穴道，但主要的接觸範圍會略闊一些，比如檢查幾個隔膜、某些組織、器官以及骨頭。通常會在這些地方發現能量受阻的情況，然後透過治療清除受阻狀態，讓能量正常流動。這一切都靠雙手的觸摸來感受身體內部精微的能量流，當發現哪裏不通暢，就再把雙手放在那個地方直到感覺得到疏通或者恢復運作。

　　我有好幾個學生原本是針灸師。他們把針灸與顱骶療法結合，幫患者完成針灸後再做基本的顱骶療法，能讓針灸的效果快兩三倍。

雖然我們並不了解人體所有的穴位，但知道怎樣利用一些穴位，讓「氣」可以活絡起來。書裡便提到如何利用穴道，幫助接受了剖腹產的媽媽恢復元氣。

　　問：你將要完成的新書也與兒童有關，可以介紹一下新書內容嗎？

　　答：這要說到 15 年前的一件事。有位學生對我說：「你一定要來見見我的侄女，她剛用一種很特別的方式生小孩。」後來我見到了那對母子，眼界大開。小寶寶當時才 5 個月大，他的媽媽在一旁做自己的事，小寶寶由始至終既不哭也不鬧，安安靜靜過四五個小時，即使要喝奶也是如此。我就問這位母親這是怎麼回事，她告訴我她用了「蓮花出生」法：就是當小寶寶和胎盤從產道出來後，讓胎盤留在孩子身上，不去剪斷臍帶。

　　我後來讀到一些相關的資料，原來當胎兒出生後，還有三

分一的血液保留在胎盤裡，而臍帶內則充滿了幹細胞。除了血液，胎盤還保存了免疫的信息、荷爾蒙以及其他重要的生命物質。對於小寶寶來說，胎盤其實還要送出一份最後的禮物，那就是大量的細胞需要進入小生命的身體內。如果在此之前就把胎盤切掉，等於說這個孩子失去了三分一的可能性。

　　我覺得這種解釋非常有說服力。所謂的「蓮花出生」法，就是保留胎盤和臍帶，不去剪斷它們。通常三到八天，胎盤就能完成幹細胞的轉移工作。這些都是屬於小寶寶的珍貴物質。當胎盤乾結，臍帶也就跟着乾結，它們便會自然地從孩子身上脫離。這麼說，如果我們一出生就是圓滿的，那將不會給貪婪任何可乘之機。但如果我們剛一出生就失去了將近三分一的幹細胞，我們終其一生都有一種缺失感，並且努力用各種方式填補心中的虧空。

　　當然，這本書還會講到如何補救。因為你我出生的時候都

被立刻切走了胎盤。我們都有生命的缺失，那怎樣才能把它補回來呢？幸虧能量從不會消失，它只是轉移成不同的形式罷了。我說的就是冥想。我也在我的嬰幼兒治療課上教授冥想的方法。

另外我還會談一談教育的問題。如何讓一個孩子長大之後不會失去他／她與大自然的連結？我會在書裡給出指導意見。

自序一：嬰兒與我，和太太麗桃

　　身為顱骶治療師（CS 治療師），我用了六年時間才有辦法接近嬰兒，更不用說觸摸與診斷。我不喜歡嬰兒會大哭的特性，小嬰兒只要大哭我馬上招架不住，幾近癱瘓。

　　對我而言，嬰兒看起來總是如此純真且要求實在的接觸。我不想做鬼臉和發出可愛的聲音，但除了這些，我不知道還有甚麼方法可以靠近他們。所以我選擇避而遠之。

　　以顱骶治療師的身份執業這些年，治療室裡漸漸多了些帶着小寶寶來的媽媽們。幸好有太太麗桃在我身邊，教我如何接近這些「小生物」。她總是不厭其煩地囑咐我：「你必須聆聽他們，看着他們並且接納他們。當你跟他們說話時要語調溫柔，並且保持着這種交流方式。還有，治療嬰兒的時候不要跟他們的媽媽講話。」我曾見到太太把一個嬰兒緊貼懷中，並對他／

她說：「歡迎來到這個世界，見到你我真開心。」

嬰兒跟你我一樣都是有知覺的個體，只是他／她被困在一個溝通能力有限的身體裡。自從我可以很自在地、抽離地看着嬰兒的小身軀時，我便看到一個在這個世界上即將展開旅程的靈魂。我還發現，這個靈魂有一雙能描述生命之寂、宇宙之愛的眼睛。當我們注視着他們時，他們亮起的眼睛總是澄澈又純真。孩童教育的目的就是應該保留這份澄澈。

太太麗桃總愛說：「所有的嬰兒一開始都是完美的」。遺憾的是，這個與生俱來的完美並不會一開始就在所有的嬰兒身上顯現，這本書就是要尋找和恢復這個完美的潛能。為此我想感謝麗桃，她教會了我在與這些象徵愛與智慧的「小預言家們」溝通時，不再膽怯。

本書不是一本科學紀錄，而是一本關於嬰幼兒顱骶療法的

指引，同時也展示了生命之愛的誕生過程。我們多年的冥想經驗與所具備的常識，形成了我們特有的工作理念，這個理念也滲透在這本書裡。

有些讀者可能會覺得書裡對某些特定概念解釋得太過簡單和粗淺。當我在解釋時確會把對方當成五歲小孩，這麼做是因為我們在理解母愛和生育時，會放棄不少基本且原始的法則，很多時候醫療機構也完全忽視或否定這些法則，相關的專業人員甚至無視人類分娩時所具備的動物本能和常識 —— 看看圍繞在嬰兒出生時的忙亂場面：醫療人員會拎起嬰兒的雙腳，例行公事地放在冰冷的金屬磅秤上量體重，粗略地擦拭身上的血水，帶帽子，打預防針，滴眼藥水……對於這些所謂的專業行為，我們怎麼能不去抗議？

自序二：連結治療師，
連結被治療的嬰兒

　　我曾看過一個電視節目：有兩位騎警被邀請到一群六歲小孩的課堂上。所有的孩子都張開一雙雙純真好奇的眼睛，看着那兩匹高大的駿馬。再看看我們這些成年人，到底我們在成長過程中發生了甚麼事，以致像在病態地繞着大圈子，只能靠着一點好運氣，才能找回這份不容易再現的純真？

　　本書着重討論母親與嬰兒間原初之愛的誕生，以及這份愛對於我們所有人能發揮出怎樣的潛在價值。但如何才能讓這份愛顯現出來呢？當你一開始就被懷裡狂哭不止的嬰兒弄得精疲力盡，又該怎麼做呢？

　　除了治療技巧，顱骶療法的基本精神在於尊重被治療者。這份尊重能夠讓接受觸碰的嬰兒（以及陪同的人士）感受到：「我被注意到了，人們認同我是個有靈魂的肉體。」有了這個

感受，可以比較容易地讓嬰兒減低對外在環境的疑惑，甚至威脅感。

　　如果母親在嬰兒剛出生時可以建立緊密連結，嬰兒就能自然地獲得這份安全感。只要剛誕下嬰兒的母親，大腦裡哺乳信號被啟動，壓力就不會存在，那個時刻，由荷爾蒙促發的原初之愛就注入了母親與孩子的身體裡。

　　當我開始第一次使用顱骶系統（CS 系統）及其韻律工作時，我就像進入一個美妙的國度。顱骶系統是身體裡最古老、最深層也是最原始的系統。人體在受精後不久，受精卵便開始建構身體，神經系統（CS 系統也屬於其中一部分）是第一個開始成型的部分，接着細胞繼續分裂才完成身體其他部分的構造。

　　胎兒在經過產道時，是整個身體被捲壓在一起的。有時胎兒頭顱的小骨頭，很可能因此錯位或者相互交疊，從而卡在大

腦裡，最後限制大腦的發展。類似的擠壓情況有可能發生在脊椎，或者頭部與脊椎兩處的骨頭同時受到壓迫。顱骶療法的目的就是尋找並發現身體被卡住的地方，然後釋放這些壓力！只需要將手放在嬰兒身上，連結到他們顱骶系統的動作，我們就能在與嬰兒的連結中施以強大的力量。這樣，接下來的治療就變得很清晰了。

　　我越來越明確的一點是，顱骶療法非常容易學習，只要有一顆好奇心就可以開始。在學習的過程中，我很快地察覺到，我們的身體傾向被一種澄明的境界所召喚。我自己當然也不例外，我渴望達到這種境界。這種「無我之境」，這種冥想狀態，也使得我的工作與大部分整脊師的治療區分開來。

　　我們已經培訓了上百位治療師，他們帶着各自的認知和經驗來學習這個技術。正因為他們處理過自己的問題，因而具備幫助大部分患者的能力。

如果只讀這本書，就想運用書中的技術是絕對不明智的！所有書裡講到的治療技巧只能由顱骶治療師操作 —— 千萬別忘了嬰兒是極度脆弱的。

　　儘管如此，就我們的教學經驗來說，任何一個對顱骶療法感興趣的人都可以學習這些治療技巧，並且安全使用，但是紮實的專業學習與大量的操練絕對是必要的！所有的治療技巧，包括重新體驗自己的出生過程，都是顱骶治療師的學習內容。這麼做的目的是為了避免當學員日後在接觸患者時，自身未解決的「出生創傷」會浮現出來，從而影響患者的治療。

　　最後，我們的目標是竭盡所能地訓練更多的，對這個自然簡單的療法有興趣的人，並且讓每位實實在在地從生活和生育的經驗裡，獲得智慧的女性不再無情地被醫療專業人員取代，重新獲得來自我們社會的尊重和認可。

目 錄

圖輯六：媽媽，你同意我愛上其他人嗎？

接　　觸

　　每個來接受治療的嬰兒都必須被當成獨一無二
的人類對待。嬰兒的身體尚未具備如成人般的溝通
能力，因此有時候對治療者或被治療者而言會非常挫
敗。然而母親與嬰兒之間藉由氣味、觸覺和聲音溝通，
這些溝通方式可以讓嬰兒非常安心。

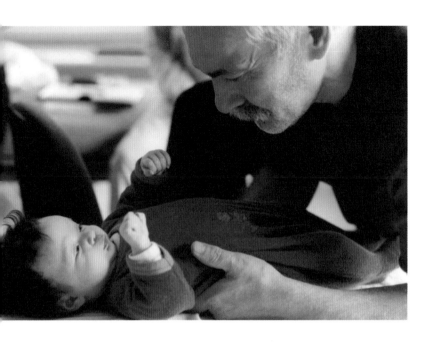

　　治療時我會很專注地看着接受治療的寶寶的眼睛，然後發出一些很緩慢很溫柔的聲音，用這種方式迎接他／她的到來，語言在這個過程中並非必要；只需看着他／她，並讓我的能量流動起來，就像是用眼神在碰觸對方。

　　在整個療程中，我會儘可能地與寶寶維持連結，藉由感受他們的脊髓，看着他們的眼睛以及與他們進行聲音互動。有時候我會忘記自己正處在連結中，向寶寶的母親提問，幾乎馬上就感覺到寶寶的抗議。

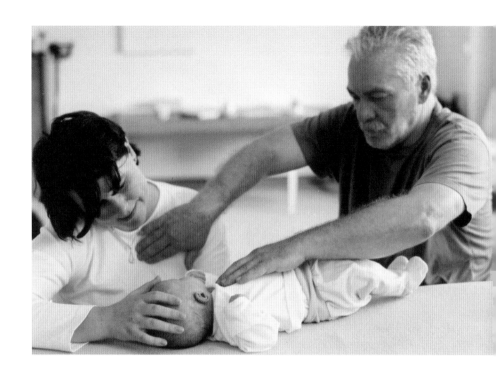

　　要寶寶與母親分離來接受陌生的觸碰，有時並不
那麼實際，但也沒有關係，我會先治療寶寶的母親。
通常在詢問過母親分娩的過程以及她當時的感受後，
我便讓母親躺在看診枱上。寶寶與母親連結十分深
刻，母親放鬆與愉悅的感覺也能讓寶寶感受到。慢慢
地，寶寶開始習慣我的存在。有時候在母親的療程中，
我同時直接或間接地治療寶寶。

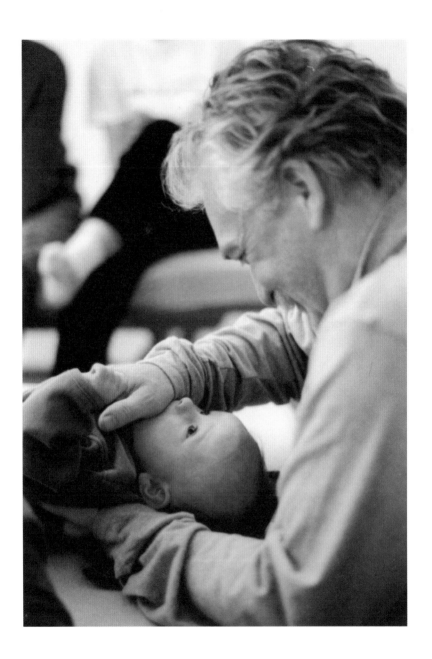

第一章

甚麼是顱骶療法？

我們的身體是一座自我調節機制完美的工廠。每天醒來身體便在外在世界生活着；到了夜間，雖然身體進入睡眠狀態，但是我們看不到身體內部有巨大工程正在運作。生活耗損我們的細胞，睡眠讓身體擁有足夠的時間修復，隔天起床我們便能看起來精神抖擻，充滿能量再過新的一天……但是有時候不見得是如此。不論哪一種壓力都會拉長身體修復的時間，結果身體開始運作得不是很順暢。顱骶系統讓我們可以找出身體中能量阻塞不通的部分，也就是壓力影響的區域。如同交通是否通暢一樣：我們找出塞車的地方，然後想辦法疏通道路……這就是治療師的工作！

　　具體該怎麼做呢？進入主題之前，我們必須先了解一點身體生長的歷程。當卵子受精後，受精卵開始不斷地複製一串與自身一樣的細胞來，這些細胞中有一部分細胞將形成胎盤，剩下的細胞群則延展開去，形成像摞煎餅一樣疊成的三個胚層。其中內胚層將形成人體的內部組織和器官，外胚層將形成身體與外界接觸的器官和神經系統，而中胚層則負責連接內胚層與外胚層。這三層「煎餅」就會發展成我們整個身體。沒錯，最初的我們只不過是三片疊

在一起的「煎餅」而已。

　　隨着生命的生長，這三個胚層會捲起形成管柱，這就是人體脊柱的雛形。接下來不同功能的細胞便各就其位，朝各自要去發展的器官以及其他身體組織的位置移動。

　　為了讓身體內所有這些建設工程順利進行，並且確保這是一間「垂直的屋子」，首先在「薄餅」內會發展出類似工地上「鉛垂綫」一樣的直線 —— 脊索。這條線是所有細胞的基地，決定每個細胞的用途與存在的位置。正因如此，每個細胞就很清楚自己的職責以及必須前往的去處。當細胞知道未來自己將成為哪個器官，哪根骨頭，大腦中的哪一部分，它們便開始一步步地往目標移動。一旦脊索完成任務，就會消失，但是由脊索形成的人體中線還是維持着無法取代的重要性。所有細胞終其一生都記得這個原始部分曾經明確地為它們指引方向！

　　顱骶療法基於這個原理：讓每個細胞重拾信心。細胞確定自己的生存目的以及找到屬於自己的位置。我們的做

法就是讓接受療程的人重新感受到這個中線，一種讓他重回到初生的脊索狀態中。

　　人體的自然機制就像會發號司令的老闆。當身體需要時，我們就會進食、呼吸、消化、活動等以滿足生理需求，這個過程通常在瞬間發生。如果這個老闆是一位有脾氣、時常處於焦慮中或總是忘了下達命令，很快地他／她的行為就會危害到工廠的整體運作。對人體而言，這個老闆就是大腦以及傳送指令的系統，而且接受顱骶系統的照顧。受精後，顱骶這套原始神經系統就最先形成，並且確保人體其他部位的協調生長。

　　顱骶療法最大的秘密就在此。我們去學習了解、感受這位隱藏在身體深處的「老闆」，以及神經系統的所有狀態。藉着這個感受，我們得以找出問題所在並尋求可能的解決方式。通過學習和訓練，我們能覺察到能量被阻塞之處並使其暢通循環，如此一來神經系統才能夠正確地指揮身體的運作。

　　　佛狄樂第一次來診所的時候，他只有五個月大。他看起來就像加勒比海的陽光一樣燦爛，非常的開心，但是他

的呼吸卻像一個老水手般帶着很嚴重的喘鳴聲。據他母親的說法，佛狄樂從三個月大就開始服用治療氣喘的藥物。當我將這位小男孩抱在懷裡時，馬上就摸到介於肩胛骨的脊椎重疊到一起了，一種因難產而導致的問題。佛狄樂接受療程二十分鐘後，呼吸的喘鳴聲明顯地減少到幾乎聽不見，我也說服了他的母親只有在急需時才給他吸氣喘藥物。

經過四次療程，佛狄樂就成為健康寶寶了，他的脊椎回歸原位，從大腦穿過脊椎的神經不再受限，能夠自由地控制肺部活動。簡單來說，當身體的「老闆」有足夠的空間做它該做的事時，身體就會運作順暢。

我們身體所具有的智慧不容小覷：它通常用一週的時間完成對損壞細胞的更新，每七年則完成對全身細胞的更新。更不可思議的是，它不但能告訴我們問題的癥結所在，還會告訴我們如何修復——只要我們學會好好地聆聽它。

第二章

為甚麼嬰兒需要顱骶療法？

出生前，我們要重歷一段完整的演化過程。受精之後，我們一開始就是一個細胞，一個受精卵。接下來，我們便遵循着演化的步驟，一步步地從魚到爬蟲類再到哺乳類，最後進化成人。沒有好的基礎很難蓋出房子，我們必須充分完成每個階段的生長，一旦有些部分無法正常成長或是找到適當的成長位置，我們的身體就會像一棟建在有缺陷的地基上的房子。

　　胎兒在母親的羊水中像小魚一樣漂浮了九個月後，因為空間變得狹小而不得不離開母體，到外面乾爽的土地上。出生對母親和胎兒的身體來說都是巨大的考驗。胎兒的靈魂像是被擠壓進入小小的身體裡；在理想的條件下，出生的時刻就是母親與胎兒的身體都準備好的時刻。

　　胎兒的小身體極度柔軟，頭顱的每塊小骨頭就像島嶼般可以很容易地移動。簡而言之，我們就像是裝滿水的袋子，這裡那裡漂着幾塊骨頭。當胎兒經過產道出來後，求生的意願會讓肺臟展開並很自然地啟動呼吸。而肺臟展開後對脊柱產生的壓力將會啟動一套顱骶（CS）韻律。這套韻律，對於存在於大腦與脊髓中的腦脊液（CS fluid）而言，其實是一個強大的水泵系統，確保頭骨與全身具節

奏性的開放交流。分娩時的巨大壓力，莫名的恐懼，有些用意良好實則「粗暴」的助產方式，都會阻止胎兒的小身體的正常伸展。頭骨裡其實大有空間，空間越大，進入此間的生命能量就會越多。然而最重要的是，越要發揮生命潛能，大腦越需要空間成長並運作。身為顱骶治療師的我們，任務就是找回這些空間。

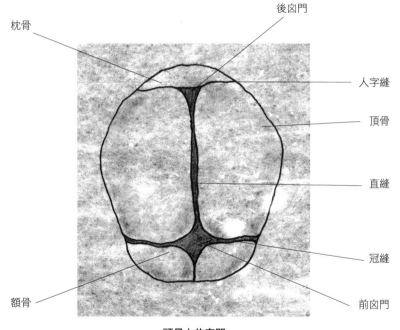

頭骨上的囟門

在穿過骨盆，通過產道的過程中，胎兒頭顱頂部必須如古代戰場上攻城門的破門槌，才能成功地直搗而出。胎兒的每塊顱骨都有兩個或是更多可以移動的部分，可以與其他顱骨留出接縫或者囟門的空間，這些空間可讓胎兒伴隨着助推力，適應並通過狹窄的產道。

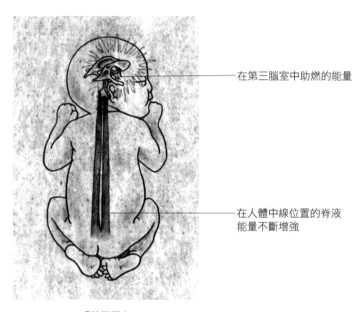

在第三腦室中助燃的能量

在人體中線位置的脊液
能量不斷增強

「助燃器」

「助燃器」是富蘭克林・西樂斯（Franklyn Sills）用來形容啟動胎兒生命的生命能量。從那一刻，我們的人生就開始了……如果我們抓住機會的話。

問題會出現在哪？

當胎兒的小身軀沒有辦法完全展開時，就會出現生理上的問題。出生過程中遭遇的強大壓力，以及離開產道後的突然解壓，都會讓胎兒的小骨頭疊壓在一起。如果這些骨頭無法復原，流經此處的神經或血管也就因此受阻。

最脆弱的部位當然是頭顱（以及頸部），因為出生時這個部分是用來突破重圍的「破門槌」，或是助產工具需要使力的地方。也就是說，脊柱就會因此被壓縮或是扭曲。

當寶寶的生命系統或某些器官，因為產道的擠壓導致其沒有足夠的空間正常運作時，問題就出現了，此時寶寶就會以非常強烈的方式表達自己的不適。

通常，寶寶會自己解決大部分的壓力問題。透過母乳哺育，寶寶會逐漸鍛煉出強勁的吮吸力，這個力量會讓部

分重疊的「口鼻部位」以及頭骨鬆開，並回到正常的位置。
如果這股自助力量不夠的話，我們可以在幾個療程中釋放
這股壓迫力量。

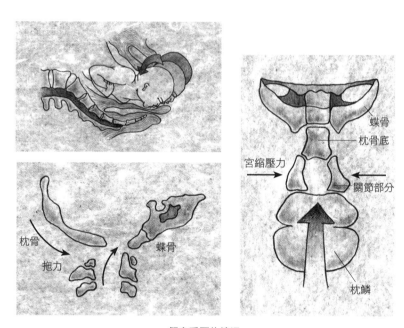

顱底受壓的情況

出生過程中寶寶顱骨可以交疊

你可以把寶寶的小頭顱想像成裝滿水的袋子。頭骨非常柔軟且容易移動，它們是袋子定形的要素但還沒有完成生長。這就是為甚麼那些大空間（囟門）要分開這些頭骨的原因。稍微彎曲這些骨頭以及讓彼此交疊，是通過產道必要而且正常的方式。

當顱骨中的某些骨頭保持住交疊的情況時，就會限制大腦的發展，甚至會阻礙全身的正常運作。身為顱骶治療師的我們當然會盡所能地令這些交疊的骨頭分離。

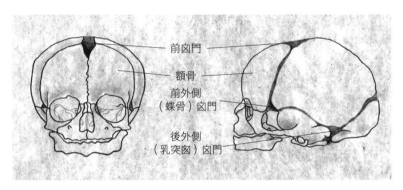

前囟門

額骨

前外側
（蝶骨）囟門

後外側
（乳突囟）囟門

必要的時候這些小頭骨會互相重疊

額骨由兩部分骨頭組成。

蝶骨由三部分骨頭組成。

顳骨由三部分骨頭組成。

枕骨由四部分骨頭組成。

篩骨由三部分骨頭組成。

上頜骨由兩部分骨頭組成。

下頜骨由兩部分骨頭組成。

寰椎由三部分骨頭組成。

骶骨由五部分骨頭組成。

最脆弱的部位就是顱底。許多神經與血管都從顱底這裡進出頭顱，而在顱底中間，就是脊椎處有一團非常粗大的神經叢。有一條廣為人知的，也是最敏感的腦神經就是迷走神經。它調節着幾乎所有器官、呼吸和消化系統，以及心臟的舒張。此外，位於顱底有一處神經控制着頸部肌肉的放鬆與緊縮，如果這處神經受到了壓迫，又將是一個額外需要化解的困境。

大部分的神經彼此之間都有很強的關聯性，因此，一旦神經遭受壓迫就會造成多重問題。

雖然我們的身體會適應並且試着學習與運作不良的系統和平相處，但是如同每個大哭嬰兒的父母會說的話：這不是好的開始。這些小問題（也包括其他問題）會導致幼兒患上過動活躍症，從而令他們的生活變得苦痛不堪，可孩子本身甚至不知道問題究竟出在哪裡，因此也無法告訴父母。

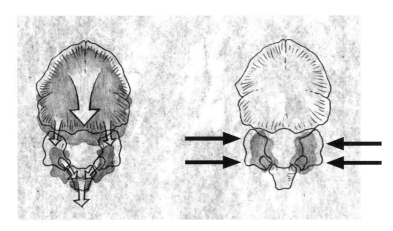

箭頭指出壓迫在脊椎上的力量。如果沒有做任何修正治療，
將會導致過度活躍症的出現。

第三章

與生俱來的求生策略與對未來生活的影響

我在此特別想強調的一點是：幾乎所有因分娩造成的問題都可以透過愛的力量來解決。不論分娩時遭遇的困難或危險有多大，只要能建立與母親的依附關係，都能彌補絕大部分的傷害。如果真的需要多一點的幫助，顱骶療法也可以消除大部分的問題。但是，如果沒有採取任何治療，我們初臨世界的種種體驗將會決定，或者至少影響了我們往後的人生。繁衍是延續物種的方式，在受孕的那一刻，我們身體裡一直存在的防禦機制就立刻啟動，保障繁衍過程順利進行。

　　剛初生的嬰兒完全無辦法照顧自己，而大腦不同的高級認知功能也還要好幾年才能完成發展。為了生存下來，母親的照顧無法或缺，依現實的情形，新生兒的大腦會從以下三種情境[1]中做一個選擇。我會從外層到內層、從高級到原始的大腦狀態說起：

1. 嬰兒出生時，大腦最發達的部分就是「哺乳動物腦」，但需要母親與嬰兒有機會共同激發它。荷爾蒙驅動的結

---

[1] 保羅‧麥克萊恩（Paul MacLean）是第一個提出了「三重大腦」的理論模型（大腦分為三層）的科學家。本書所提及的概念為其簡化版。

合力，能讓母親與嬰兒感受到安全與舒服，如此一來，物種以及個體的延續也得到了保證。當一位母親開始哺乳時，我們確實能見到母子自成一個繭狀的小天地。在這個小天地裡的輕輕撫摸，低聲的呢喃，以及彼此的氣味正是愛的表現。乳房就在心臟前不是沒有理由的，嬰兒吸收着由母親乳房分泌出來的愛液！

要開啟荷爾蒙驅動的結合力，必須要先有這種親密感，而哺乳的動作就是激發這個機制最關鍵的要素。如果因為需要對嬰兒進行某些檢測，或是母親必須接受治療，從而剝奪嬰兒吸吮乳房的機會，那麼寶寶的位於哺乳腦下方的防禦機制（較原始、演化也比較不完全的機制）就被迫開始運作。

2. 爬蟲動物腦（交感神經系統）位於哺乳腦下方。

一旦演化程度高級的哺乳動物腦沒有機會運作時，爬蟲動物腦就開啟了，這種情況會令母親與嬰兒的身上都分泌出壓力荷爾蒙。表現在成人身上的話，爬蟲動物腦會啟動「戰鬥或逃跑機制」，但對於嬰兒來說，唯一的表達方式就是尖聲哭號，以確保吸引身旁所有的注意力。同樣地，母親身上的「戰鬥或逃跑機制」也會開始運作。母親的壓力荷爾蒙也會讓她產生沮喪、挫敗和痛苦的情緒，甚至和

嬰兒一樣尖叫。嬰兒的哭喊聲也同樣會讓周遭的人產生壓力荷爾蒙，而且正是寶寶的爬行動物腦想達到的目的。

3. 在極端的情況下，當這兩層大腦都無法運作時，演化歷程中更古老的蠕蟲狀大腦（副交感神經系統）就會啟動，寶寶就會放棄自主意識而任人擺佈了。

這三層機制和功能都不同的大腦是人類在進化過程中，因應不斷變化的新環境和新危機而一層層的生長出來的，它們依次疊加在前一層的上面 —— 也只有這樣，人類才能確保種族的繁衍。新一層的大腦比原本發展出來的大腦擁有更多的可能性。新的生存策略也需要大腦的指令系統不斷更新、更加複雜。

這三套重疊的指令系統確保我們的生存。當其中一個沒有運作時，就會有另一個更古老更原始的系統啟動。還記得以前某一天你本來是要開車去上班，但是車子壞了，而家裡的單車輪胎破了，於是你決定走路去上班……或是你可能打電話請病假？有些人可能常常做這種事！

在生存策略的運行中可能遇到的障礙將對我們日後的生命模式產生決定性影響。因為哺乳動物腦的啟動讓我

們能夠感到安全和平安，但是如果沒有啟動的話，我們的潛意識裡總會產生恐懼，擔心我們的生存受到威脅。如果我們一直都帶着這樣消沉的潛意識的話，我們會表現得冷漠、麻木，甚至無法正常生活，因為我們的身體無法啟動任何更高層次的能量。羅馬尼亞孤兒院 ② 裡的嬰孩們空洞

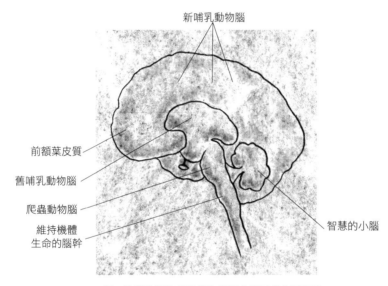

新哺乳動物腦

前額葉皮質
舊哺乳動物腦
爬蟲動物腦
維持機體
生命的腦幹
智慧的小腦

每一次新的演化都會增加我們大腦更多的可能性

② 譯者注：羅馬尼亞孤兒院事件是上世紀 60 年代，因當時的羅馬尼亞政府領導人通過禁止避孕及墮胎等強制手段，企圖通過提升人口而增加人口資本，結果導致許多貧困家庭將小孩遺棄在政府孤兒院。直到二十多年後政府倒台，才有大量對孤兒院內的兒童生活情況的研究及曝光。最令世人震驚的是，那裡很多孤兒都出現頭部發育和行為表現異常的情況。

的眼神就是例證。

之前說到的這些基本系統會在受精時或在懷孕期間就開始建構，並將受孕時感受到的初始壓力視為一個正常值。那些初始壓力過於強烈的人，之後會表現出大量的異常行為，並且這個初始壓力通常無法被我們的意識所覺察。換句話說，有的人總是感到莫名的恐懼或者不適，或者反復出現某類夢境，卻無法知曉緣由，是因為這些現象背後的初始壓力從未被釋放。

如果親密情感的結合（哺乳動物腦）一開始沒有發生，將會在我們之後的個人成長中留下裂縫。我們會不停地在各種關係裡尋找這種親密情感的結合，但又不知所措。這就是為甚麼有些男人（或者女人）會在每個遇到的女人身上試着找到母親的影子。

如果要在幾面因地基部分缺損而傾斜的牆上蓋一個屋頂，這不可能做得到。在實際案例中，我們經常看到有些患者根本無法過着均衡的人生，就是因為他們的一個基本需求沒有被滿足。如果再仔細點去研究人類群體的行為發

展，你就會對這個世界上的某些地區為甚麼一直戰火連連有所理解。

在對成年人的治療過程中，我們就看到了無數因為出生的問題而導致後來行為失常的案例，所幸，大部分的情況都能得到改善。

最新成果與對未來的希望

前述的三層腦中，和那層最古老的蠕蟲狀大腦在一起的，有一個濾網，也稱為丘腦，它決定哪些生理上與心理上的問題將會留在意識裡。有些問題丘腦特地把它排除在意識之外，是因為它知道這個人當下無法處理。

前額葉皮質（就在蝶骨上方）是意識存在的地方，是最後發展出來的部分；是規劃願景的窗口 —— 就是我們如何影響未來。這部分消耗身體許多能量，因為我們時刻都在計劃未來。

約瑟夫‧克利頓‧皮爾斯（Joseph Chilton Pearce）[3]又加上另一個大腦：會轉化的大腦，即：心臟（作為一個大腦）。百分之六十的心臟組織是由神經元細胞組成，這些神經元細胞與大腦，特別是與大腦的前額葉皮質相連。這就解釋了為甚麼心臟對大腦的運作，以及腦能量可以產生很大的影響。藉由轉換能量，我們才能以同理心和外界建立全新的連接方式。

三個疊加的大腦與作為轉化器的心臟一起，完美地與中醫「三焦」（triple-heater）的概念吻合。「三焦」也是用來描述我們體內能量的分佈。三焦中的第一層（下焦），是位於肚臍下方的丹田，那裡儲存着我們先天的能量。這個能量讓我們的靈魂能夠安守體內，以及塑造身型。

第二層（中焦）位於橫隔膜下方，所有用來消化食物並為我們日常所需運化能量的器官，都在那裡。中焦區域讓我們得以維持生命，保持健康。

---

[3] 約瑟夫‧克利頓‧皮爾斯著，*The Biology of Transcendence: A Blueprint of the Human Spirit*，未有中文譯本。

第三層（上焦）就是心臟。心臟轉化所有能量並傳送到全身，讓身體正常運行並且與外界進行交流。上焦給予我們與身體內外相連接的可能。

心臟很不可思議扮演着連接身體能量與精神能量的角色，指引我們人生的方向。心臟是一個實體的連接器，也是這個世界上唯一一種可令躁動不已的思緒平息下來的強大動力。透過心的交流讓我們的思緒得以休息，從而變得清明與活躍，必要時能不斷產生新的想法。

小家夥

　　這個部分將會儘可能地呈現全貌。在治療中並沒有規則可循，我只是跟隨身體的感知去操作。

　　有以下兩個部分需要接觸。

　　這個小身體在很清楚地告訴我：他的前額骨受阻，而後背部分，也就是我手放置的位置，我能感到他的脊椎骨被迫壓疊在一起了。

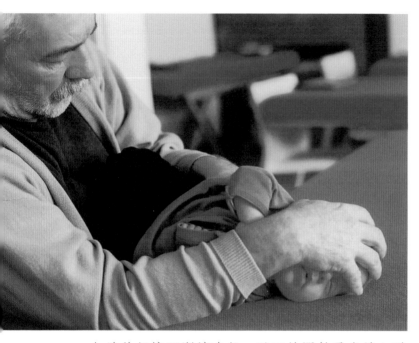

　　細胞的記憶逐漸被喚起，以至於開始尋求地心引力的幫助。

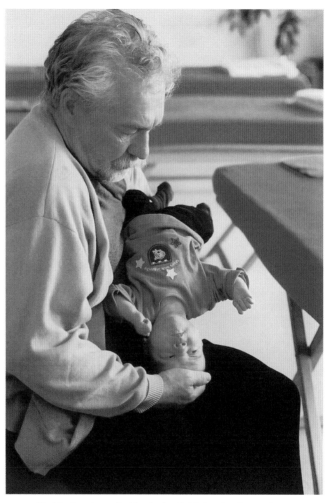

　　離開桌子，我們的身體緊緊相靠，讓他回到在產道中的感覺。

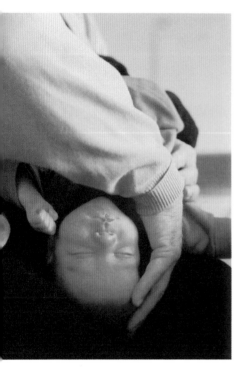

正好休息一下。

繼續治療。小家夥的頭慢慢地從
我的手裡滑下去,就像正經過骨盆。

　　他挨在我手上的頭變得比較輕了，有一股往肚臍
方向的力量開啟。

　　我正在引導他的腦脊液的流動，這股力量正推鬆
他大腦中交疊在一起的寰椎骨和枕骨，我能感受他體
內這股導向骶骨的律動；就是這股流動的力量帶給我
空寂和澄澈的感覺。

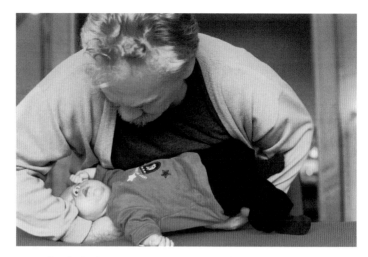

解決方式：空間……頭部肌肉變鬆了。

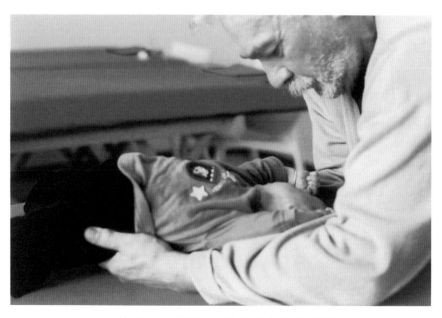

結果：小家夥在靜止點上完全放鬆。

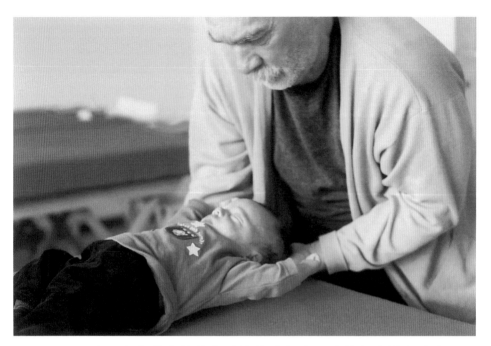

　　我正在釋放他枕骨位置的某些部分，我們仍在靜止點上，
接着就是運用「伸展第四腦室」(EV4) 技巧的時刻了。

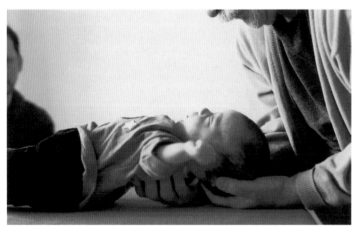

　　現在用我的手指輕輕地將小家夥的脊椎骨調整到
正確的位置上。

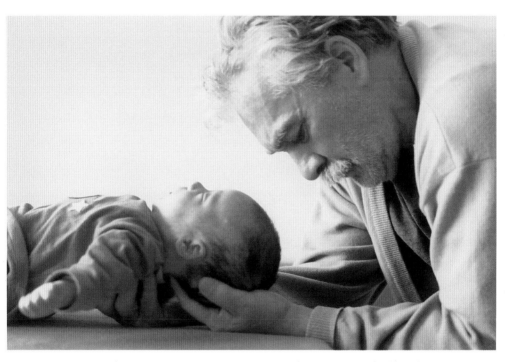

我正在拉開他枕骨髁這個關節部位，並放鬆他背部斜方肌上的筋膜。

與他合一。

　　小家夥的頭稍稍轉動了一下,向我顯示在他的顱
骨底部與第二與第三頸椎 (C2、C3) 部分連接處受到
壓迫。

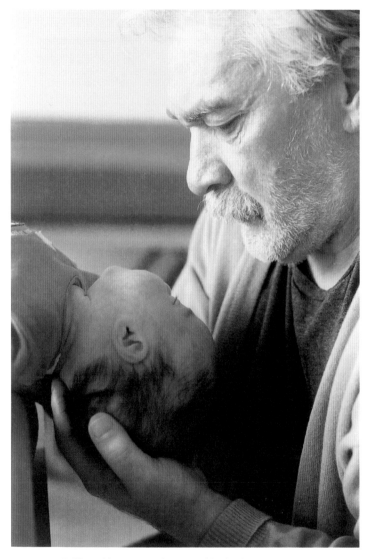

他的枕骨拉長了，顱骶系統啟動了。

圖輯二　小家夥

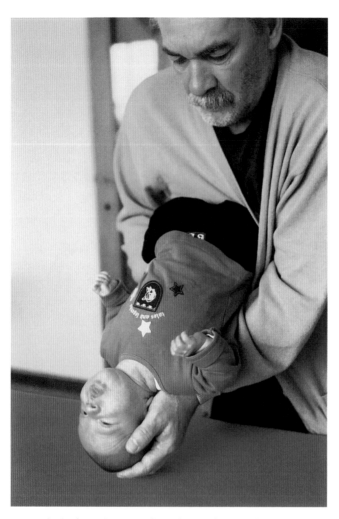

　　在生命之初，所有人都是佛。一個獨一無二
的個體。

再伸展一次。

愛能治癒一切。

「注意了，小家夥，我讓你看看地心引力的作用。」

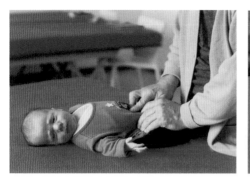

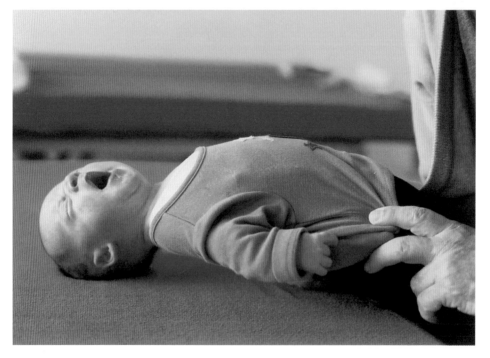

我與小家夥互相致謝。

第四章

「愛的雞尾酒」與「荷爾蒙襁褓」的生成

在誕生之時，小生命的身體一切俱足，但卻無法運作，因為大部分的身體機制尚未準備好。

經過幾百萬年的演化，母親與嬰兒之間產生的緊密連結才得到了最完美的生理保障。催產素④作為生育分泌出來的愛的荷爾蒙中的一種，就扮演極為重要的角色。當母親分娩時，體內還會產生高劑量的腦內啡⑤來減輕大部分的疼痛，並在母親體內跟隨循環系統停留一段時間。催產素與腦內啡的結合下會產生強烈的愛意，即「愛的雞尾酒」，有些女人的這兩種荷爾蒙永遠都不足夠！這種化學作用令母親與嬰兒建立情感連結，同時也滿足了我們身體裡原始的求生欲望，並確保嬰兒能得到母親全部的愛；不管這個女人願不願意，她就是母親了！

但是擁有「最高智慧」的人類，卻要想盡辦法讓這種原始的連結變得困難重重……沒錯，嬰兒出生後需要進行一系列的體檢，滴眼藥水，稱體重等等，他們就這樣被輕而易舉地帶走了（為甚麼這些工作不能稍等一等再做？）

---

④ 催產素：一種腦垂體分泌的荷爾蒙，刺激子宮收縮並分泌乳汁。
⑤ 腦內啡：一種存在中樞神經系統與腦垂體的縮氨酸，具有紓解疼痛效果。

也因此，那些重要的荷爾蒙沒有辦法被分泌出來，自然就無法發揮它們的效力。

就在這個階段，當母親要為嬰兒製作一個「荷爾蒙襁褓」時，任何專業人士的干擾都會打亂，甚至破壞母子身體裡正在進行的工作。分娩後的女人可能就失去機會成為真正的母親。醫院制定的生產標準流程並未充分考慮到這種自然的連結需要，人類繁衍的基地眼看就這樣失去。

在這裡有必要澄清一下：「荷爾蒙襁褓」就是讓母親與孩子在子宮之外的世界裡產生連結的紐帶。這「蜜月期」，也就是母子間產生親密關係的過程，一般將會持續 12 到 16 個月。

生產絕對不是一個人的事

母親與嬰兒之間的情感連結只有在兩人有機會接觸，分泌適當的荷爾蒙下才能建立。也就是在這個時刻，不僅是嬰兒，「母親」的角色也一起誕生了。

很多嬰兒出現的問題都與他們的身體在分娩前後要

經歷的劇烈的變形有關。出生前，嬰兒的身體整個蜷縮在一起。千辛萬苦地從母親的肚子裡出來之後，這些小身軀必須有足夠的力量再把自己的身體完全伸展開，同時，還要為身體的各個部位留出一定的空間，以便其日後運作良好。要壓縮整個頭顱聽起來有點嚇人，但別忘了，這就是哺乳動物經過幾百萬年來的演化結果。可對於最高等動物的人類來說，這不見得是甚麼好事。特別是從上個世紀以來，我們過上了一種久坐不動的生活方式，結果我們的身體喪失了柔軟度與力量。所謂的「高級生活方式」也讓人類成為地球上唯一分娩時需要外界幫助的物種。不過也不需要太緊張。憑着聰明才智，人類還是有辦法修正這些缺陷，而身為顱骶治療師可以幫上大忙：幫助新生兒或幼兒打通身上受阻滯的地方。相信我，沒有甚麼比看着小生命的眼睛裡燃起全新的生命力，助他們開啟生命的潛能更美好的事了。

以斯波克博士（Dr. Spock）為代表的產科醫生們不僅以流程化的分娩程序取代傳統的分娩法，而且還以奶粉取代母乳，讓整過美國開啟了交感神經的「防衛機制」。根據學者約瑟夫・克利頓・皮爾斯（Joseph Chilton Pearce）

的數據，在美國有約 97% 的嬰兒（其實就是所有嬰兒）都是採用奶粉餵養。殊不知，哺乳才是激發哺乳動物腦的關鍵。

只有哺乳動物腦開啟了運作，才能讓有創造力的前額葉皮質（人類大腦）在情緒穩定的基礎上發展。這個帶着天生的創造力的大腦能讓人帶着自由、開放的心去探索世界。然而，如果過早地對新生嬰兒灌輸成人對世界的刻板印象，這些孩子可能就因此喪失了自己發掘世界的樂趣，進而失去創造力與自省的能力。好比有人把他的車停在你的車庫裡，如果人們一直跟你說這輛車子是你的，最後你就真的相信了。如果你對着一個未成熟的哺乳動物腦做着類似的事情，你就是在為這世界製造很多麻煩，例如今日世界呈現的各種亂象：宗教鬥爭，伊斯蘭聖戰以及在面對愛滋病問題上拿出「上帝不允許保險套的使用」的藉口。如果嬰兒在這種環境中長大，那麼他們將不太可能區分真理和宣傳。而對於一個國家而言，「生產創傷」也容易導致群體的戰爭行為。

治療

對於治療一個未能完全運作起來的哺乳動物腦，也就是說，其他兩層爬蟲動物腦和蠕蟲狀動物腦已經非常活躍和自主的患者來說，治療原理非常簡單。能量（靈魂）會從身體的中心開始，逐漸向外表現出人的特質。這個中心，就位於身體的中部，也是顱骶液（又稱腦脊液）循環的地方。顱骶液就是這個原生能量的主要接受者，因為原生力量是純粹的，有「聯合在一起」的特質，這讓顱骶液也帶着「聯合」的記憶在身體內流動。當這股能量開始成型，就能在有限的空間裡發揮極緻，光芒外露。

自然分娩時，如果生命能量能夠展現極致，在荷爾蒙的刺激（也就是荷爾蒙襁褓的形成）下，不同的大腦系統就會一層一層地被激發，直到哺乳動物腦完全啟動。

然而，如果系統沒有接收到足夠的刺激，身體就只好採用交感神經系統，甚至是副交感神經系統。當其中某一系統遇到阻礙時，解決方式只能回到內部，回到身體中心。只要辨識出並且增強這股原生力量，就能消除所有的障礙。找到這個最緩慢的顱骶液的韻律，我們就能與這個

原生力量緊密連結，進而讓它開始流淌全身。

　　當所有阻礙都不在了，挫折、害怕、怨氣與其他原始的情緒也找到了出口。只有在這個時刻**寶寶**才能重新找回與生俱來的能量，不同的大腦部位才能啟動。

　　只有在此時才能體驗到愛的存在並賦予「愛」之名。

第五章

產後母親與嬰兒的護理指引

- 當嬰兒被帶到我面前時，我只會在他們對我放下戒備、感到安全時才着手治療，有時嬰兒更希望呆在母親身邊也沒有關係。而且從流程的一開始，我就會看着嬰兒的眼睛。這一點很重要：經由眼睛的交流傳遞的能量可以取代之前的臍帶能量交流。

- 不需要總是詢問嬰兒是否可以進行某些手勢；眼神的交流、非常溫柔緩慢的手勢與喃喃低語都可以得到寶寶的默許。

- 如果真的需要講話，請切記輕聲細語慢慢說。如果需要提問題，請以平和的語氣提出並耐心等待回覆；回答最終會以某種方式呈現。請謹記，為了能夠交流，嬰兒的身體每時每刻都生長出新的神經細胞。

- 如果有人在你面前議論你，當你不存在，你會是甚麼感覺？同樣的，當你正在治療眼前的寶寶時，不要跟其他的人談話。你的觸摸與注意力應該全部集中在寶寶身上。

- 沒有甚麼一成不變的標準，寶寶的身體會告訴你可以做甚麼以及必須要做甚麼。所有的寶寶都是禪師。因此，好好投入眼前的工作吧。

- 當發現寶寶的某種心理防禦機制出現不良情況時，我們

就需要去修復它。很多時候，修復它意味着讓挫敗的情緒發洩出來。愛（＝結合＝依附）將會解決交感與副交感神經系統的問題。

- 如果在治療的過程中，寶寶表現出缺乏安全感的行為，此時必須馬上要求母親靠近才能繼續療程；缺乏安全感必須馬上用愛的行為解決。

- 如果寶寶不願意或是態度存疑慮，這時便邀請母親躺在診療台（寶寶可以躺在母親的肚子，頭枕在母親的心臟位置），先着手對母親進行治療。有寶寶在身上的母親通常都會非常合作地接受治療。一般，母親受到「要照顧寶寶」的荷爾蒙影響，很容易忘記自己身體的需求。母親一旦在你手中放鬆下來，你就可以開始治療寶寶了。

- 母親如果受到伴侶細心的照顧與愛護，就能夠全心全意地去行使母親的職責。此外，哺乳也會調節母親身體的荷爾蒙的運作。

- 針對某些骨盆不穩定的問題，顱骶技術可以派得上用場。如果分娩前出現骨盆不穩定的問題，應該先從穩定情緒方面着手。

我一直記得小安東尼。他被帶來的時候只有兩週大。當我開始對他進行治療時，我先問了他的母親幾個關於分娩過程的問題；接着，當我看到他的雙眼時，我一下子受到了衝擊。他的世界，我的世界，一下子寂靜了下來。他的世界如此緩慢和寧靜，如此純淨。他的眼中只看得到無限的廣闊與天真。

　　自從這一天起，如果我記得沒錯的話，每次療程開始時，我都會看着寶寶的雙眼，而且寶寶們也會靜靜地讓我看着他們，我會靠近聞他們身上的氣味，接着將我的手放在他們身上。我在他們耳邊輕聲細語，就像是在和他們說悄悄話。當我們彼此間的交流建立起來，寶寶就會全身放鬆。他們的雙手向我攤開來，小胳膊也不再揮舞。更重要的是，你會感到寶寶傳遞給你溫柔的能量。

　　從他們身上，我得到了一個啟示：其實寶寶們也期望、也需要回饋愛。接受他們的愛，讓我心懷感恩。

第六章

不同的治療技巧

觸摸骶骨

骶骨是開始療程的最佳起點。從我手部向上、流入寶寶身體的能量，就像寶寶自己從肚臍朝上運行的能量。因為骶骨是承接全身力量的地方，對寶寶而言是個非常安全的部位，同時也是我們聆聽寶寶身體的好部位。

全身心的接觸寶寶，寶寶會很快接受。當你把手放在寶寶的骶骨位托住、觸碰或者抬起他／她，寶寶就會接受。

脊椎釋壓

　　當寶寶從母親的身體裡出來時，他們的脊椎骨會被產道內的壓力擠得重疊起來。脊椎骨內的神經也受到壓迫，如果受壓狀況持續，日後會引起寶寶的相關器官運作不良。例如許多呼吸道的問題，就可以藉由紓解脊椎壓力獲得解決。此外，胎兒出生時，身體需要進行如開瓶器般的扭動，這樣也容易造成脊髓膜與腦膜的扭傷，以及脊椎、骨盆或頭部的骨頭的錯位。我們都有過這樣的經驗，當我們給車庫門口設計車道時，都是讓車道愈直愈好，這可使得車子的進出更容易。類似的，分娩時產生的強烈力道對身體造成的傷害，也是有機會通過拉直身體與大腦的路徑，避免日後的「交通阻塞」問題。

治療

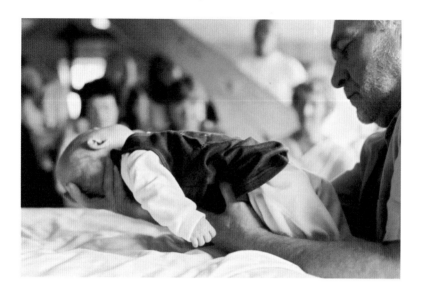

　　將雙手托起寶寶硬膜⑥的兩端：枕骨位和骶骨位，並等待你與寶寶都安靜下來。當進入深層的放鬆狀態時，你便會自動進入到「入定」的境界。在那個境界裡，寶寶回到生命之初，小身體慢慢發育起來。我們繼續等待，有時在這個過程中，我們會察覺寶寶的頭會主動地尋找地心引

---

⑥　硬膜（dura mater）是腦膜的最外一層，厚而堅韌，緊貼顱骨下方。腦膜一共有三層，用於包裹大腦和脊髓。

力，藉助這個牽引，寶寶得以展開在地球上的生命旅程。

地心引力是幫助我們身體成形
的推動力。也正是這股力量，讓宇
宙中的能量轉化為地球上的能量並
造就人體外觀。也多虧了地心引力，
我們才能誕生。而對於靈魂與形
體合一，引力也扮演着非常重要的
角色。

第四腦室的擠壓與伸展技巧：CV4 與 EV4

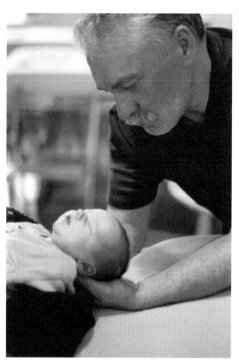

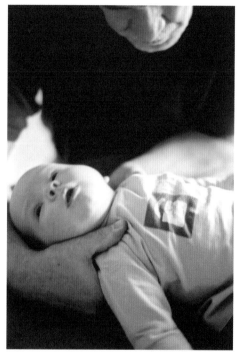

通過輕微的壓力，CV4 紓解了身體受阻的地方。

在肩膀處實施 EV4 技巧：通過開啟顱骶系統，你便讓能量進入了腦脊液。

一名剛出生的嬰兒因為經歷了產道的巨大擠壓，他／她的頭骨也相應地承受了很大的壓力。擠壓第四腦室（CV4）和伸展第四腦室（EV4）是顱骶治療師經常使用的兩種技術性治療手法。然而，當治療嬰幼兒時，我們完全不需要在他們的顱底做這些技巧，只需要將你的指尖放在枕骨位置，越靠近枕骨大孔處越好，然後便耐心等待從寶寶的身體內傳來的信號。這個信號可能是一種朝顱內而去的牽引，也可能是一種朝頭顱兩側的伸展。你只要好好觀察這個信號就行了，不過你的手指卻有可能會被這些不同方向的力量帶動起來。如果是這樣，那就讓你的手指與寶寶的身體融為一體吧。當你感覺你自己已經完全放鬆下來時，那其實說明寶寶也得到了放鬆。

　　如果你仍然偏愛使用經典的擠壓和伸展第四腦室的技巧，那也沒問題，只要儘可能的讓你的觸摸保持輕柔，不施加任何力量。

　　擠壓以及舉起寶寶的脊椎骨可以矯正骶骨及髖關
節之間的部位。

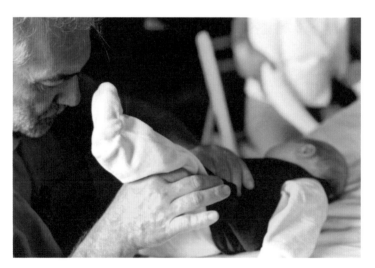

　　寶寶的一條腿慢慢地將壓力落在髖關節上。

　　我正在擠壓寶寶的雙肩，通過舒緩筋膜以及相關的骨頭從而拉長寶寶的脊椎。

為交疊在一起的顱骨製造空間

　　前面提過，寶寶頭部的骨頭在出生後並沒有完全成型，它們就像是大洋上朝着彼此延伸的小小島嶼。在頭骨與頭骨之間存在着很大的囟門。這樣的安排是為了寶寶在經過產道時，頭骨可以通過大量的滑動甚至交疊，讓寶寶順利出生。一旦出生後，顱骶系統產生的能量會確保大部分交疊的頭骨可以回到它們理應存在的地方。而那些

無法復原的頭骨就只能保持交疊狀態，進而限制了大腦的發展。位於顱骨中間的顱縫，從前顱到後顱，從左耳到右耳，就容易出現顱骨交疊的情況。這部分的大腦位置主管了我們很多的運動功能，如果沒有空間讓大腦生長，就會出現肌肉痙攣症。

雙手並排放置在顱骨交疊處。

治療

利用一隻或兩隻手指按住兩塊顱骨上，你通過「意念」⑦ 便能將它們分開，同時你還讓能量流到與之相對應的頭部的另一端／枕骨處。

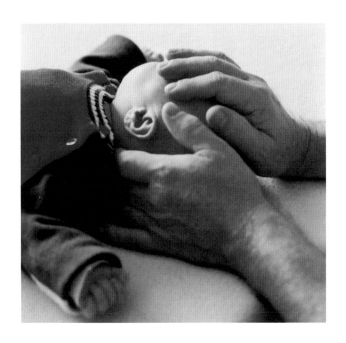

---

⑦ 意念（intention）是用來連接你與宇宙能量的。能夠獲得越多的宇宙能量越好，你能夠獲得更精細、更直接和清楚的自我能量。

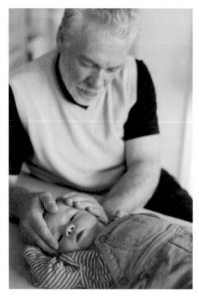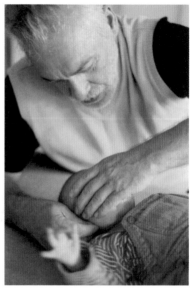

　　同樣的，因產道壓力而被加疊在一起的骨頭，它們通常摸上去像是一整塊頭骨，但感覺又比一整塊骨頭厚和緊。要分開它們，做法也和之前一樣。將你的手指放在這個壓迫點旁，並讓骨頭感受到有展開的可能性。如果可以的話，從頭部相對應的另一段將能量與空間的意念傳送到這個壓迫點。時間、寧靜與意念終究會為大腦和神經系統製造出空間。

耳朵技巧

寶寶的顱骨在出生時是有三部分的，在顱骨與枕骨之間的開口處常常會遭受到壓迫和扭曲。在顱底，顱內神經（迷走神經、舌下神經、舌咽神經、脊髓副神經）正是通過顱骨與枕骨間的開口離開頭部進入軀幹，也較易受到嚴重阻礙，同樣地，出入顱內的血流也容易受阻不暢。表現在寶寶身上，就會出現消化系統問題（如腹絞痛）、吸吮反射能力受損，以及呼吸道問題。在成人身上，就會造成偏頭痛、消化系統問題、呼吸系統問題、耳鳴、長期疲乏、專注力不足以及聽力與學習能力障礙。

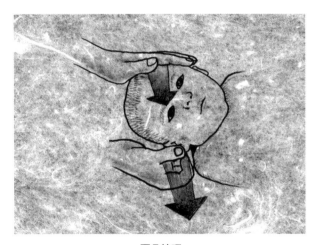

耳朵技巧

治療

如果透過兩耳向兩側擴張小腦幕[8]不可行時，可以用一隻手握住一邊耳朵，另一隻手放在斜對角的眼睛上。讓能量朝着指尖碰觸到的耳朵下面慢慢前進。跟從這股能量的震動，並慢慢地給予骨頭活動的能力。兩邊耳朵都必須這麼做一次，而且透過寶寶的耳朵，慢慢地讓自己處於平衡的狀態。就像處於上方的手握住了鐘擺的繩子，耳朵則是鐘擺的擺錘，漸漸地停止擺動。

---

[8]　小腦幕（Tentorium）是將頭顱內部分為上下兩塊區域的平行腦膜。小腦幕以下的部分稱為小腦，以上的部分則稱為大腦。此外還有其他的腦膜：大腦鐮（Falx）將頭顱內部分為左右兩邊。這些腦膜將頭顱分為四部分，中間有塊開放空間留給原始大腦（延髓，腦橋與邊緣系統，也被稱為蠕蟲狀大腦，爬蟲動物腦，哺乳動物腦）。

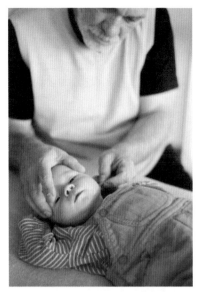

利用吸吮反射把手指置於口腔的技巧

　　吸吮是身體天然的反射動作，也讓寶寶第一次獨立攝取食物。寶寶不單是讓食物進入體內，吸吮產生的力量會影響硬顎的發育進而優化顱骶系統的運作。此外，乳房位於心臟上方，當寶寶吸吮時，他／她其實是在接受來自母親的「流動的愛」。母親的身體也會因寶寶的吸吮而發生變化，子宮因此收縮，漸漸地讓回復到正常的大小與位置。寶寶吸吮母親的乳房就是在告訴母親肚子裡的器官：它們完成了生育的任務，可以稍微休息一陣子了，同時這也是天然的避孕方式。哺乳產生的效用不僅讓寶寶得以生存，增強免疫力，同時也調整了母親的生殖器官：為了達到繁衍後代的目的，大自然讓這個過程成為一種極度愉悅的經驗。

　　找我看診的患者中，有時候也有罹患乳癌的婦女：我覺得，許多人患上乳癌似乎與乳房沒有完成它們的使命有關；就像細胞們因厭惡自己或受到挫折而製造了癌症。這不單是我的觀點而已，而是從許多與乳癌患者的會診經驗裡得出的結論。

手指置於寶寶口腔的技巧，其實只是很簡單的去喚起吸吮反射的動作而已。在需要的時候，這個技巧是讓顱骶韻律得以最大化的一種途徑，同時也讓我們有另一種方式可以修正位置偏移的骨頭。

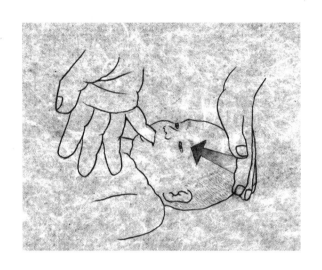

　　我有一個孫子出生時，因為鼻子有輕微的歪斜而導致他的一隻眼睛比另一隻的位置略高。像大部分的父母一樣，即便父母注意到了問題，都採取迴避和否認的態度，結果很快讓情況變得難以改變。而我們的兒媳婦又是位防禦心非常重的媽媽，我們只能在她在場的時候才能碰觸寶寶。有天晚上我們被獲准擔任寶寶的保姆（父母親只離開了不

到 20 分鐘）。我忍不住將手指伸進寶寶的嘴巴裡讓他吸吮，同時我試着讓骨頭慢慢地回到原本的最佳位置。當寶寶的父母回來時，我的兒子問我：「你沒給他做甚麼治療嗎？」我回答：「為甚麼我要治療他呢？」當下就沒有第二句話了，之後我們再也沒有談及這件事，但是我孫子的頭卻是完美無瑕了！

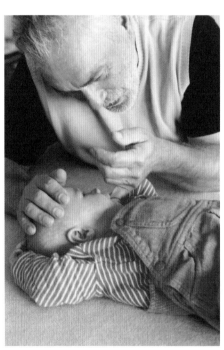
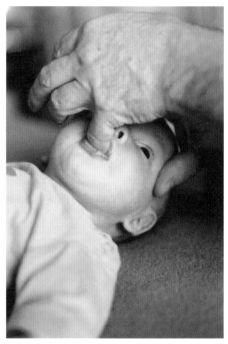

治療

　　治療前一定要洗淨雙手並修剪指甲。輕輕地在寶寶的嘴邊搔癢直到令他／她開始吸吮反射。這時,將一隻手指放進寶寶的口腔內並接觸到他／她的硬顎和犁骨。讓這隻手指跟着每一個吸吮的動作移動,直到你感受到某種平衡為止。將另一隻手放在寶寶的頭上或置於蝶骨上,直到你感受到兩隻手之間有所連接。你的「意念」會強化犁骨,直到它發出能量。

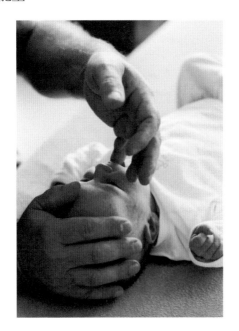

寰椎 / 枕骨技巧

　　這個部位的特殊結構讓它成為最為脆弱的部位，而且身體上出現的不受控制的症狀也都與這個部位有關，例如多動行為。枕骨在出生的時候還是四塊圍繞着脊椎的不同骨頭。擠壓力總是會將這個部位推擠在一起，甚至如果寶寶的小頭顱無法很順利地找到產道的出口，就會受壓彎曲，這個彎曲點就在這個部位。即使是很輕微地阻礙，都會干擾器官的正常運作或是傳導到大腦的訊號。枕骨底部有兩處小突點容易被卡住在第一節脊椎骨頂端：寰椎處。這四塊分開的枕骨將會在出生後的一年內長在一起，如果沒有及時介入，因為擠壓的緣故，這個部位對於每日必須在此通行的「交通車輛」而言，將會顯得過度窄小。

　　眾所皆知，行車遇到路障時會引起駕駛員的情緒失控，這個部位的情況也會如此，只不過是發生在人體主要的橫截面上。所有由大腦給身體做出的指令，以及身體將感知和需要傳送回大腦的信號都必須通過這個出入口。如果出入口過度窄小就會引起身體的激烈反應，我們是不希望這樣的情況發生在任何小孩身上。寶寶如果有這類的問題，只能提高聲量表達不適和痛苦，希望有人能夠為他 /

她做點事情；他們猛烈地哭號其實是在求助！同樣的，呼吸系統問題，吸吮與餵食問題，腸絞痛和拉肚子都是這個部位沒有足夠的空間讓所有神經傳導訊息的徵兆。

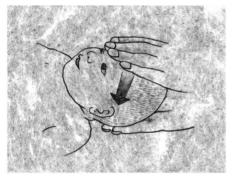 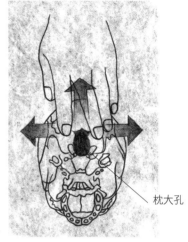

枕大孔

治療

這些治療技巧是非常專業的，如果能在寶寶分散的枕骨都結合在一起前就進行治療，較為容易達到治療的預期效果。

1. 將手托住寶寶的顱底部分，放鬆身體，靜靜地感受頭顱

內的流動。一股輕柔的力量這時就會從頭顱的旁側自動出現，並擴散開來。你的意識會被這股舒展之力帶到枕骨的中心。

2. 必要時，你可以用一隻手在枕骨處做上述舒展的動作，同時用另一之手放在寶寶的前額處，把能量從前額傳送到你的指尖。

3. 接受並有意識的確認所有你感受到的來自骨頭的運動，等這些運動停下來，便會醞釀出另一種運動，它裏挾着所有能量到達枕骨中心；這時你會感到枕骨處增加了空間，並且變得輕盈。

4. 枕骨現在準備好要將它受到的擠壓力朝你推去。

5. 保持你雙手接觸寶寶的手勢，直到你和寶寶以及他／她的骨頭都能夠平靜下來享受這份新的自在感。

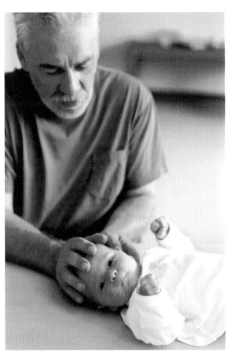

寶寶的枕骨髁向側面舒展　　　寶寶的脊椎開始感到自在

蝶骨技術

蝶骨位於頭顱中央，因而也稱為頭顱的主要樑柱。腦下垂體位於蝶骨正中間的凹陷處（蝶鞍）。為了使寶寶更容易地通過產道，生產過程中蝶骨會分離成三塊。我們主要的任務就是確保蝶骨這三部分，在經歷了所有的扭曲與擠壓後，仍然可以很理想的結合在一起，為顱內的發育提供足夠的空間。

治療

將你雙手的大拇指分別放在寶寶眼睛側邊的太陽穴上，直到感受到寶寶頭顱裡的某種律動。保持你強烈的意念，讓自己跟隨這個律動直到寶寶顱骨內的病患處自然顯現，並且準確地告訴你病患處在哪裡。繼續等待直到感受到寶寶體內產生平衡。

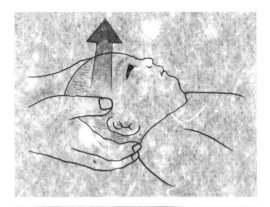

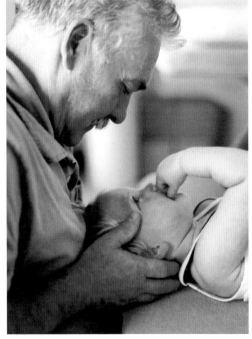

第七章

偶爾必要的創傷修復

如果嬰兒在出生的過程中遇到困難，任何輔助措施都值得採用，畢竟生命無價！每年用於挽救許多新生兒生命的方式有三種：產鉗、真空吸引器、剖腹產。

產鉗

- 雖然樣子很像是宗教裁判所發明的刑具，但經驗豐富的產科醫師能恰當地把握力道使用這個鉗子。比起生命，在嬰兒的頭部施壓並非頭等大事。更何況顱骶療法可以修復產鉗對寶寶頭部造成的大部分損傷。

位於雙眼眼窩後面、兩個太陽穴之間的蝶骨，有可能會形成永久性傾斜的情況，因為嬰兒的蝶骨在出生時還是三個部分，很容易被移位。產道的擠壓和產鉗的強力拔出一起令蝶骨的各個部分錯位。

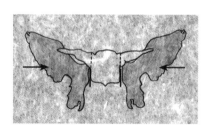

出生過程中受到的擠壓會因產鉗的介入而變得更加強烈。圖中豎着的兩條實綫顯示出這個部位仍可以較靈活地適應產道的壓力。

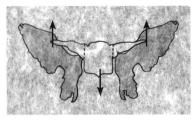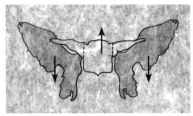

嬰兒想衝出產道的方式與輔助設備如真空吸引器的使用，都會對寶寶蝶骨的三個部分施加各種形式的拉力。

治療

　　以紓壓治療技巧為主，特別是包括 V 能量放射技巧（V-spread）[9]，手指置於口腔內，擠壓第四腦室，以及顱骶系統的全面釋壓等技巧。

真空吸引器

- 寶寶頭部的特殊構造以及頭骨正上方的大囟門讓新生

---

[9]　當你需要向患者身體上的某個特定部位發送能量時，就要採用 V 能量放射法，患者受阻的能量或病變處就能被解除。一般來說，這個治療手法是這樣的，一隻手按住患者身上你想要輸送能量的那個點或部位（其他手指間張開成 V 形或者握成杯子的形狀），另一隻手則放在患者身體的另一面，與接收能量的點或部位相對。

兒在真空吸引器下更顯得脆弱。與產鉗考驗產科醫生的手勢不同，這個儀器藉助的是強大的吸力。好在此時大腦的新皮質部分還沒發育完全，也正因這樣，容易出現腦室以及毛細血管的變形，並導致無法有效控制腦脊液的形成及散佈的問題。曾經靠真空吸引器誕生的新生兒頭部仍然還有被吸住的記憶，以至於腦脊液也保持受阻狀態，壓力沒有得到紓解。

治療

將一隻手放在寶寶的頭上，並找到受阻的部位，另一隻手托着寶寶的枕骨處。將注意力放在寶寶的腦室上。讓你自己放鬆下來，這樣寶寶的腦脊液就能吸收到你的這股祥和的能量。那些受阻的部位便會在你與寶寶的交流中一點點地自我調整和紓解。這是一種無言的生命能量的交流。

在非常情況下，快出生的寶寶沒有其他的選擇只能接受被真空吸引器吸出。雖然寶寶誕生後看起來平和與滿足，但這個表象下隱藏着挫折感、害怕與怒氣，這些負面的情緒當然需要被釋放。父母親與治療師必須明白寶寶的

哭鬧不是針對他們，而是他們在分娩過程中遭遇的無助感與疼痛令他們在求救而已。

緊急剖腹產

- 當胎兒卡在產道時，宮縮壓力對他／她來說已變得相當危險，只能採用剖腹產的方式。當切開母親的肚子取出胎兒時，他／她會體驗到壓力的巨變。與自然生產不同，胎兒的頭部會因為突然的解壓而膨脹。而小身體被拽出母體的方向也與自然出生的方向相背。用在母親身上的麻醉藥會進入胎兒的身體，這令胎兒在啟動生命機制的初期時可能會有種「癱瘓」的感覺。因為母親產後需要繼續接受醫療，寶寶與母親建立情感的連結就因此推遲，有時推遲的時間長達好幾週。當然，寶寶沒有別的選擇，而他們由此產生的挫敗感、害怕和怒氣也無法排解。因此，作為母親有必要了解所有這些生理層面上的變化，從而明白剖腹產手術對寶寶的影響，以便日後彌補。而對於其他家人來說，必須讓他們理解的是剖腹產在當時的情況下已是最好的選擇。

治療

　　用你的兩隻手輕柔且穩定地撫摸寶寶的全身，從頭頂到腳趾，這個動作能很好地喚起身體病患處的感覺以及其顱骶的韻律。這也是之後開始治療的基礎。剖腹產的新生兒因為沒有完整地經歷自然生產的過程，於是他們還沒有完全意識到自己存在世界的事實。此療法的目的在幫助他們走完自然生產的過程，從中讓他們學習如何藉着地心引力的幫助。此外，他們還可利用治療時為他們塑造的「臨時產道」而讓自己有真的出生的感覺。

　　治療的方式必須配合緩慢的顱骶韻律，啟動這個韻律的生命能量才是我們的主要目的。寶寶的身體將會以治療師的身體為媒介來學習。療程的過程中，當寶寶的小身體進入釋放⑩的階段，他／她的頭部就開始感受到地心引力的力量。寶寶的顱內和腦脊液的運動會直接由地心引力牽

---

⑩　「釋放」（unwinding）是顱骶治療中常用的概念。當治療師用一種適當的方式撐起患者的全身時，患者會感覺到如失重般的輕盈。患者的器官、肌肉或是骨頭的運動能力此前因受到重力的牽引而無法發展或受制，經過治療師的「釋放」，患者的身體重新獲得了強烈的自由感以及放鬆後的愉悅感。

引。在感受寶寶腦部的運動最開始時，你要讓自己也放鬆下來，並讓寶寶體內的運動減慢。通常當寶寶的全身完全被釋放後，我會開始輕揉他／她所有的肌肉組織與器官，包括骶骨與骨盆。有時候我會用許多不同的治療技巧，有時候也幾乎不做甚麼。不論怎樣，我最後總是會回到對寰椎／枕骨以及頭部的治療上。

預定的剖腹產 ── 時機的選擇

- 有些胎兒的頭部對母親的骨盆而言過大，可能造成分娩困難，或者當時母親已患有其他的妊娠併發症，因此接生的醫師會選擇他們認為最適當的時機接生胎兒。如此一來，寶寶體內應對宮縮壓力的機制就不會啟動，母親與胎兒的生理時鐘也就被打亂。

- 害怕分娩的疼痛、「整容」文化的興起或是母親的分娩創傷都可能是母親選擇「計劃性」生產的原因。但是有時候媽媽並沒有足夠的時間、意願或是精力去面對自己的恐懼 ── 畢竟這是要切開肚子直接拿出一個小孩。

- 據我所知，有些產科醫師是以自己的時間表來安排寶寶出生，不顧及胎兒的作動節奏。此外，剖腹產可以避免

一些因自然生產可能帶來的訴訟。在某些國家，訴諸法律的行為甚至過了頭。

- 母親與胎兒的生理時鐘都將因為剖腹產而混亂，特別是這個生理時鐘負責調節母親與胎兒的作動節奏和身體機能。這個情況下，父母必須清楚這個選擇不是寶寶決定的，他／她只能接受突然間的「人工」出生。正如之前提到的，有時那些表面上安靜的新生兒其實隱藏了許多的挫折感、恐懼與怒氣。採用顱骶療法的時候，就需要找到所有這些層面上的情緒，並釋放它們。請記住，寶寶所有這些情緒都不是針對父母或治療師。僅僅是因為寶寶體內的能量受阻，而且這個感覺並不好受。

治療

　　這項治療需要與其他動作一起進行，比如安慰寶寶、抱住寶寶，並讓寶寶有機會表達自己的情緒。最好是讓母親來做。與之前所說的一樣，輕輕且穩定地用兩隻手撫摸寶寶的整個身體，就會喚起他／她身體對出生方向的記憶以及分娩宮縮帶來的擠壓感。在寶寶的雙腳施予輕微的壓力，同時激發寶寶脊椎對「轉動」的記憶，這些都會讓寶

寶重新開啟並完成真正的出生過程。尤其是，顱骶韻律的
激發會讓寶寶的腦脊液充滿能量，也最大化的加強了寶寶
自身的能量（將能量從骶骨或肚臍往頭上運送）。

　　當我最小的兒子還在就讀醫學院二年級時，有一天他
正與朋友們在咖啡館喝着咖啡，突然間一位情緒異常激動
地男士衝進來大聲說，他太太在車後座上分娩了，在場是
否有人是醫生？當時現場一位醫生也沒有，但是他的朋友
對這位先生說：「這裡有位醫學院的學生。」

　　我兒子跟着這位先生趕回去，正好協助了寶寶的出生。
所有的人都認為：「這是個預兆，這個年輕人將會是個很
棒的產科醫師。」從那以後，他也一直把產科醫師當成目標，
直到他聽到了很多這個職業會涉及的法律風險。官司與保
險澆滅了他成為產科醫師最根本的熱情。

　　我還記得我的女兒本來一直堅持在家裡生產。直到她
在產前三星期從一堂準媽媽課堂上，聽到了在家生產的種
種危險後，她決定放棄這個念頭。她班上的其他準媽媽們
也都因此住進了醫院，一半以上的人選擇剖腹產，當中也
包括我的女兒。

下一步……我們能為接受了剖腹產的母親做甚麼？

將母親的肚子剖開不是只有割開皮膚而已，肌肉、子宮與周圍的經絡穴道都會一併被切開，造成母親體內的器官功能與全身的能量運作紊亂。這種失調的症狀可能會潛伏多年才出現。不可否認的是，確實有很多接受了剖腹產後的母親，她們的身體和精神都恢復得相當快。

當然，父親們與治療師都可以為母親們在產後提供大量的幫助，治療師還能向父親們傳授一些小技巧以便協助母親們更快地恢復體力。

針對母親的治療

- 從觸摸母親左右腳小腳趾的趾甲底外側開始；此處（譯者按：中醫的至陰穴）為膀胱經（與腎經相連）。平衡左右兩邊的按壓力。稍有經驗的治療師會很快感到哪裡的經絡失調。慢慢地呼吸，治療師不需要特地做甚麼。讓母親身體裡的能量自己運作，你只需感受到一種平衡的能量。
- 將你的手指放在母親第二小的腳趾上；此處為膽經，它

與肝經相連。同樣地，甚麼都不用做，只是靜靜地等待母親身體能量的平衡到來。如果你的手指希望觸碰到母親的前兩只小腳趾，那就聽其自然。

- 接着將手指放在母親大腳趾與其餘四腳趾之間的分叉處，就在腳面上的肌腱之間；此處為脾經，與胃經相連，做法如前。

- 將雙手手掌放在母親的小腿肚上，一只手指放在兩塊肌肉（譯者注：腓腸肌與比目魚肌）中間的凹槽處；你雙手的手掌會觸碰到小腿外側、剛好高過母親腳踝的地方。母親會感覺到子宮非常放鬆。有時候我會先從這個位置開始治療，然後才去接觸母親的腳趾。

- 然後你可以在母親開刀的疤痕處、整個肚子、骨盆膈膜處以及其他你認為必要的身體部位使用放鬆筋膜的治療技巧。

麻醉藥的使用

麻醉藥的使用讓我們避免感受任何痛楚，這在現代社會已是普遍觀念。你會問，「為甚麼我必須要體驗疼痛的感覺？」但是我們從來沒有想過，胎兒也會受到麻醉藥的

影響。這讓剛剛開啟這個世界的旅程的寶寶，在他／她的原初體驗裡出現些許困惑。就像你受邀開展你的第一次田野考察時，突然發現你的手腳無法行動。帶着這樣的出生經驗，在我看來，寶寶日後容易在處理情緒壓力的問題上遇到困難。一些專家甚至把這種麻醉藥的體驗與日後出現吸毒的行為掛鈎。

治療

這項治療的方式是將腦脊液的流動增強到最大狀態。

麻醉藥容易殘留在體內，這就像峽谷中的霧氣無法完全消散。如果我在治療中感同身受到了這種情形，我會和緩地向外吹氣，直到我感覺那「迷霧」散去。

第八章

出生與死亡……是同一件事？

出生與死亡是出入此世的兩樁意義相當的大事，生命的畫卷就在它們之間徐徐展開。把出生與死亡對照起來看，能帶給我們很多啟發，而且這兩件事本身也能互為補足。一般來說，我們的靈魂大概需要九個月的時間完成從純能量體向有形體的轉化，入住進身體內的靈魂，它本身的能量就成為身體能量的來源。也憑藉這個能量，身體才能與靈魂緊密相連。當生命的能量耗盡，身體也逐漸地與靈魂分離，直至徹底了斷。整個過程也需要九個月來完成。但是在這段緩慢地告別階段裡，一些曾經的未被治癒的傷患也有可能再次發生，那是因為當生命能量強大的時候，可以讓身體忽略這些傷患。這也解釋了為甚麼老年人，隨着他們的生命能量逐漸減弱，開始出現越來越多的健康問題。其實，這樣的「臨終」過程就在我們每日的生活中上演着；我們稱之為的「睡眠」就是一種「短暫的死亡」。

　　去思考和理解生命終點的事情，最能讓我們眼下的生活儘可能的回到安寧之所，直至最後一刻真的來臨，靈魂就能做足準備，安然回歸原初的能量之域。在我們的一生中，可以不斷地練習怎樣與身體告別，同樣地，對於出

生這件事，也能通過練習來預備。一位準媽媽可以通過練習，讓她自己的身體細胞以及胎兒的細胞為即將入住的靈魂做好物質準備。

一旦身體上出現的問題沒有被看到或者解決，這些問題就會附着在靈魂上。這些靈魂渴望不斷地轉世，就是因為他們附帶着的問題只能在世間解決。某些靈魂甚至會因為共同的問題而彼此附着，從而能夠分擔和解決他們在此世的業障。

當我們帶領患者回溯人生，越接近生命之初，有關他／她從何而來的記憶就會越來越清晰。這個生命的源頭，也就是你的生命藍圖 —— 你決定了今生需要完成的任務 —— 成形的地方。如果這名患者能夠再次感覺並且描述他／她的生命藍圖，就會比較容易發現所有這一生不愉快的經驗背後的真相。然而，總是有些障礙無法被消除，因為靈魂某種程度上也需要一些逆境的磨礪來平衡它的業力。

在顱骶治療師的訓練過程中，我們也會帶着學生回溯受精那刻的生命狀態，以及在子宮內的成長和整個出生

的過程，以便找到問題出現的源頭。如果是患者治療的需要，我們也會進行類似的治療。將他們帶回到問題剛出現的時刻，最早甚至追溯到最初的受精時刻才能發現問題。

第九章

地心引力的力量：不為人知的秘密！

每一次生命誕生，都是藉着地心引力的幫助完成此世肉體的正式登場。寶寶體內所有的細胞都在運用並信任這股力量；也因此，細胞們會感覺自己正朝着正確的方向上行進。這是一種非常踏實的感覺。終其一生，你在出生時感受到的地心引力會帶個你心安的感覺。

傳統觀念中要求準媽媽躺在床上待產，這讓分娩成為了一場與自然相對抗的戰鬥。反觀，在動物的世界裡，地心引力就是幫助動物們自然分娩的動力。產房裡由男性主導的生產協助有點干預得過了頭。自從接生婆以及她們採用的接生儀式（抗議主要來自於性別保守的牧師們）被禁止了以後，男性產科醫師們便決定讓產婦躺在床上以便作業。寶寶們在經過了這場毫無必要的自然之戰後會更渴望得到地心引力的助力。對於那些運用地心引力進行顱骶治療的兒童（尤其是剖腹產的嬰兒），治療技巧會在他們的生理與心理發展上產生非常顯著的成效。

治療

首先輕輕地拉伸寶寶的脊椎，這時寶寶的頭部會慢慢感到沉重，並主動尋找和跟隨地心引力；這是唯一令他／

她的身體傾斜的自然之力。當寶寶的頭朝下時，這個姿勢會使得他／她放鬆下來。請耐心地好好感受這個安寧的狀態。如果寶寶身體有任何「釋放」的情形發生，那就任其發生。接下來，便可採用寰椎／枕骨與頭顱的治療技巧。

重歷出生情境以修復創傷

　　這是一名有些害羞的小女孩，因此我邀請她的母親與小女孩一起躺在診療台上。當她的母親完全放鬆，我就比較容易地治療她。不知不覺中，小女孩就找回了細胞的記憶，她的身體在我的能量傳送和觸碰下，開始試着尋找親密的連結。她爬向我，毫無困難地讓地心引力作用在她身上，同時透過我的雙手與身體的幫助，她重新經歷了出生的過程。

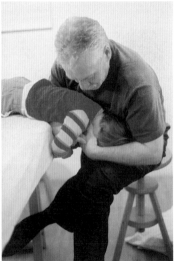

我唯一需要做的只是讓小女孩經歷的「出生」過程緩慢下來，並且在我的大腿和膝蓋處施予足夠的力量，讓小女孩的頭和身體能體會到「分娩時刻」要出現的擠壓力。當小女孩在我雙腿間再次「誕生」，我開始很溫柔、很肯定地和她說話，同時請她的母親坐在地上迎接女兒的到來。

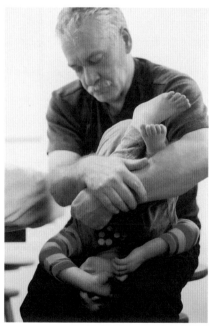

這個釋放身體的治療技巧對於剖腹產出生的孩子、有學習障礙的孩子以及專注力低的孩子而言都非常有效。找回細胞記憶就是一次重新經歷身體問題的旅程。所有的情緒都會被釋放出來，對孩子（寶寶）而言就像做了一場夢。

臀位分娩

在這張照片中，你能看到地心引力正在這個小男孩身上發揮作用，他的細胞記憶被啟動了。這些在母親分娩時胎位不正的孩子們，通常都需要找機會「正確地重來一次」。我先幫助他們找到身體舊患，之後他們多半都會以「頭部先出生」的姿勢再經歷一次誕生過程。這個體驗讓他們的生命有了新的面向。

　　有些孩子選擇了困難的胎位出生。一旦準媽媽能
夠預知這種情況，她可以試着去説服胎兒調轉身體。
母親與胎兒之間的溝通是非常自然地；但如果交流沒
有達到預期效果，我們的顱骶治療師也可以在診所裡
協助準媽媽再次嘗試與胎兒溝通。另外，人體還有一
個穴位[11] 可以幫助胎兒調轉身體，如果能在預備懷孕

---

[11] 經絡穴位（meridian points）：先打通膀胱經 61（譯者注：即僕參
　　穴），然後打通三陰（交）三陽穴（交）（譯者注：脾經–胰臟經 6，
　　即三陰交，以及膽經 39，即懸鐘穴），就能打通整個生殖系統的
　　經絡。

時就開始按壓，通常都能保障胎位正常。

　　一位好的指壓師、針灸師或者足部按摩師也可以從旁協助。如果位於膀胱經 67 穴（譯者注：對應中醫的至陰穴）（位於最小腳趾外側、腳指甲下方）受到刺激，胎兒就會轉身（向左或向右）。我們建議，在寶寶入盆前就開始有規律的去按摩或者灸這個穴位。

第十章

你對世界的第一印象

在妊娠期與分娩時刻，母親與孩子都會產生一些無意識的情緒：

- 當一個女人發現自己懷孕了，第一反應可能會驚慌失措，這會讓胎兒產生負罪感。
- 在子宮內和產道裡出現空間不夠的情況時，這會讓你認為這個世界是個危險或者可怕的地方；尤其是，如果你以非自然的方式出生，感覺就更是如此。
- 與越親密的人在一起，就越是感到會被這個人傷害。
  這就發生在我的一位學生身上，（在她重歷出生情景時）她在母親的子宮裡嚇得不敢移動，因為每次當她「碰到」子宮壁時，她能感受到她母親的驚慌與痛苦。當她母親試圖中止妊娠時，她真的嚇得呆住了。
- 新的處境總是令人害怕：你的身體在出生時遭受着難以置信的擠壓，突然間你感受到頭周圍有個產鉗，整個人隨即被拉變了形。
- 壓力也會讓你呆住：當你正要「衝閘」，因為（母親使用）麻醉藥，你突然變得癱軟無力。
- 即將出生的事實可能代表着痛苦與災難：誰知道會不會又有人要在你的頭上罩上一個真空吸引器，你將再次經

歷疼痛和混亂的感覺。

對世界的第一印象會影響我們在之後的人生中形成情緒性的行為模式。

在我們雙眼的後面，有兩個杏仁狀的器官，就是杏仁體，也叫我們的情緒之眼。它們像雷達一樣偵測和追蹤所有危險性、甚至威脅性的情緒能量⑫。一旦杏仁體發出預警，就會刺激壓力荷爾蒙的釋放，如果你的反應成功地對應了這股情緒能量，這個反應便會由我們最原始的記憶：海馬體，儲存下來。

> 如果你的弟弟老是掐你，或是表現出他對你的嫉妒，你會大叫着讓媽媽過來制止弟弟的行為。如果這種情況發生了好幾次，你的大腦系統會認為你弟弟的情緒能量對你產生了威脅，一旦弟弟好像要做出欺負你的動作，你身體便產生壓力荷爾蒙，接着你就會大叫着向媽媽求助。如果媽媽不在附近，你的身體仍會分泌同樣的壓力荷爾蒙，讓

---

⑫ 對此更完整的解釋，請參閱丹尼爾・高爾曼《EQ 情商》一書。（倫敦，Bloomsbur 出版，1996 年）

你感覺弟弟正在接近你……這種情況甚至現在仍在你與弟弟的關係中出現！直到你的身體充滿了壓力荷爾蒙，你的海馬體就會發出信號終止荷爾蒙的分泌。我們學會了如何應對每一種危險的處境，未來如果遇到同樣的情形，我們很快就能作出應對反應已確保自身的安全。

杏仁體與海馬體幾乎位於我們大腦的正中央，因此在母親分娩時，我們會從宮縮或者真空吸引器的使用中接收到大量的壓力。這樣的經歷容易造成這兩個調節壓力的器官總處在高預警狀態。

治療

新生兒主要對母親的心跳聲、血流的聲音以及由器官發出的聲音產生原始反應。是你的聲音和你的善意，而不是言語，讓你與你的孩子建立連結。然後你開始輕輕地撫摸寶寶，同時對他／她說一些很簡單的詞語或者只是發出聲音。我從來不會用「寶寶語言」和孩子們溝通，

因為我在跟一個靈魂而不是一個傻瓜在對話。

秉持着這個信念，用你的全身心向寶寶表達你的善意以及你想對他／她做的事情。讓孩子明白這個世界歡迎他／她的到來，而你願意向他／她提供幫助。

身為治療師的我在此時便化身為愛的力量！

當我看到我的妻子對她剛出生的孫子說話時，我便理解了《聖經》裡開頭所寫的：「太初有道，道就成為光。」

當你與寶寶以上面的方式重新建立連結，如果他／她讓你接近並且接受了你，他／她可能就會與你用眼神交流。[13]

• 剛出生不久的寶寶首先必須找回與母親的連結，然後他／她才能接受你。寶寶不願意就是不願意，不要強迫他／

---

[13] 在一項研究中，我們將新生兒的頭部貼上電極並接上電腦。每次當媽媽或是研究者望着寶寶的眼睛時，儀器就被啟動，顯示出寶寶大腦的最大容量，但一旦我們將眼睛移開，儀器便會關閉。研究還發現，只要受到刺激，比如眼神接觸，身體接觸或是發出緩慢的、熟悉的聲音，寶寶的神經元就會生長。我們也知道如何阻止或扼殺神經元，特別是在大腦前額皮質部分的發展，只要對寶寶做出負面的指令，比如每次當寶寶或是小孩希望體驗或探索新事物時，我們就說「不要這麼做」或是「小心點」。

她接受你。有一個小訣竅可以避免這個情況的發生，就是先從治療母親開始。之前提過，媽媽們總是全身心的照顧她們的孩子，以至於總是忽略了自己的需求。對母親們的治療不僅對她們有很大的助益，對寶寶也同樣如是。母親越是放鬆，寶寶越能平靜。接着，我會將母親與孩子視為一體，然後再慢慢地去接近寶寶（哪怕先用意念），最後再接觸寶寶的身體。

- 慢慢地、直接地對着寶寶說話。如果你想要詢問父母某些情況，請先跟寶寶說解釋一下並等待他／她的回應。讓寶寶有足夠的時間聽懂你說的話 —— 同樣地，等待他／她的反應。不要忘了，寶寶們來自於另一個空間，回應你的每個問題，他們都必須建立一個新的神經回路。
- 伸展第四腦室的治療技巧（EV4）就相當於你給孩子們愛；你打開了顱骶系統，讓生命能量漫布腦脊液。這個技巧對於治療深度創傷非常有效。
- 讓你的手跟隨母親與寶寶的身體指示的方向；讓他們的身體通過你的能量去引導你手的移動。
- 你的身體就是寶寶身體的向導。有時候你就是需要告訴寶寶身體裡的骨頭，它們應去的位置；在沒有任何阻滯干預之前，你完全能讓寶寶的每塊骨頭各回其位，最大

限度地發揮它們的作用。

- 生命有三個基本的驅動力：第一是行使力量，是為了能
  創造空間；然後是拓展空間，生命便在此中看清自己。
  第三個驅動力就是回歸宇宙，並與之合一。

第十一章

準媽媽該做哪些充分的準備？

你能為準媽媽所做的最基本的動作就是讓她找回脊索；換句話說，將她與她脊索硬膜管內的中線再次做深層的連接。通過這項治療，準媽媽身上所有的細胞都將重新「對齊」。從脊索處升起的能量會讓準媽媽再次與她身體深處的覺知相連。除此之外，這個連接將成為她分娩時可以依賴的重要支援。分娩時配合顱骶治療，能讓母親與寶寶建立起自然的連結。每個在分娩過程中幫忙的人都會感受到這股自然的韻律；當需要推擠或是等待的時候給予配合。

治療

- 可採用所有顱骶的治療技巧，但着重三個壓迫點（寰椎／枕骨，枕骨／蝶骨，以及 L5 腰椎 和 S1 骶椎）。
- 讓那些因子宮擴大而受影響的器官留有足夠的空間，並特別注意橫膈膜的呼吸。
- 可採用所有對深層的組織與筋膜治療技巧（骨盆周圍）。
- 在理想情況中，母親在分娩前後都會接受顱骶治療師的治療，甚至如果母親有足夠的時間與空間學習一些基礎的顱骶治療技巧，她便能在自己身上運用很多被剝奪的分娩智慧。

在教授顱骶治療課程中，我們常常有懷孕的學生。在一節後續課程中，甚至有位學生隨時都可能生產。她和她的寶寶總是保持着連結，讓她完完全全地安心。不用說，這股安心的感覺來自於平日有規律的顱骶治療。這位學生在課程結束的一週後平靜地生下了寶寶。

第十二章

爸爸需要做甚麼？

當精子頭部釋放出 DNA 後，爸爸在造人的任務上就不再扮演任何角色了。寶寶會在母親的體內一個細胞一個細胞地漸漸成型。寶寶出生後，母親會用身體分泌的乳汁餵食寶寶。身為男人的我，哺乳的畫面只會讓我驚嘆而不會帶任何情色的想法。

　　我們男人可以提供支持，食物和安全感！懷孕期對於母親而言就是生活在一個理想的世界裡，身邊的男人將盡其所能的照顧母親，為她提供必要的安全感，從而讓她可以全心全意地孕育寶寶。濃情、溫柔與愛將深深地滋潤着母親的靈魂與身體，在這種情況下，寶寶身體的發育就是最自然不過的事了。對於我們這樣一個必要且自然的需求（譯者注：即指繁衍這件事），滿足母親是唯一的解決方式。有意思的是，在母親懷孕的過程中，如果爸爸自覺地擔任起父親這個角色，這會喚起他體內深處的保護者荷爾蒙；「莊園領主」（父親）這個角色將隨之誕生並且執行職權。這也確保了人類的演化，並走向無限的可能性。

　　父母間的爭吵確實會阻礙生育的進程，這意味着父母與小孩都將在各個層面上感到困惑或停滯的狀態。臨床上

我們也觀察到有些父母很固執地迴避治療，結果無意間，將他們身心問題傳遞到孩子身上。

在我們的身心情緒創傷釋放治療（SETR）中，我們可以從準媽媽或準爸爸那裡查出損害或阻礙懷孕過程的因素。我們能夠客觀的看待他們的創傷與困難，並且回應他們的問題，比如提出「這個反應是否有合時宜？我們可否改變這個反應？如果做不到，那還可以做些甚麼來改變現狀？」通過這種方式，我們可以正視困擾患者已久的問題並找出紓解的方式。在顱骶治療中配合 SETR，我們會與患者談到細胞記憶的議題。我們與患者一起，去討論他們記憶中未結開的結，並正視它們，從而解開它們。

第十三章

有甚麼因素阻礙懷孕或者讓懷孕困難？

不是所有想要懷孕的女人都可以懷孕。

　　莉愛芙想要懷孕但是一直無法成功。在治療中我們很快就發現，她在幼兒時期經歷的事件，令她的心包膜[14]相信親密關係將會有損心臟的完整。為了避免傷害，心包膜在心臟周圍安置了堅固的護具，甚至將這套防禦蔓延至全身。既不讓外界進入身體，也幾乎不容許體內有任何東西逃出。

　　在我們的幼年時期，當我們的心臟還是非常脆弱時，心包膜擔任着保護心臟健康的角色。然而，我們卻從來沒有感謝過心包膜；我們從不會說，「謝謝你。我已經生存下來並且能夠獨立了。我現在是成人，可以自己做決定，並且不需依賴撫養我的人。所以，請打開一點，我的心需要與外界建立連結。」只有我能感知並表達我的情緒，才能讓這個連結發生。

---

[14] 心包膜（Pericardium）是一層薄膜，由圍繞在心臟周圍的強韌的筋膜組成，它有自己的經絡。它位於胸部中間呼吸的橫膈膜上方。還在母親的子宮內，心包膜就已經開始保護心臟的任務了。

如果你不與心包膜溝通，它會一直像護具一樣；它會讓你變得不會表達愛或是自在地接受愛。我們需要讓心包膜知道，我們身體的其他部分也都跟着成長（例如：你的聲音、你眼中的能量），此外你已是成人，有足夠的能力保護心臟。心包膜不會停止保護心臟：別忘了甚麼最有風險。一旦心包膜收到了你傳遞的訊息並因此紓解，你的心才會完全地放鬆；此外，你還是會很安全，因為心包膜有其他的部位幫忙，並且獲得了彈性，在必要時開放或關緊。

　　回到莉愛芙的例子：這位三十歲的女人自從三歲起就一直被心包膜保護着。在那之後，她沒有接受任何治療。在我們給她的治療中，她的心包膜漸漸地被主人說服：主人已經發展出新的保護方式，尤其是主人的聲音。最早曾傷害她的惡意早已不在了，而心包膜是願意合作的，如此她才能成為真正的成年人。終於，這個心臟保護者（心膜）明白了成年人的心臟是有能力生存並且完成生命的使命的，愛與親密關係是成年人必要的滋養物。莉愛芙變得放鬆起來，她的心與子宮都被允許去接受它們各自要完成的生命任務（以謹慎的方式，例如：帶着覺知開啟她的護具）。在她的心臟保護者變得成熟且有覺知時，它很快就幫助它的主人懷上了一個美麗的小女孩。

考量與建議

- 有些器官會不計代價地排斥懷孕。必須說服這些器官，它們的主人已經是成人了。

- 所謂提升你自己，就是解決交感與副交感模式的運作不良，並調節腦幹網狀激活系統（RAS）的功能。

- 母親未認識到的或是未解決的出生創傷有可能傳遞到她的孩子身上。

- 我喜歡告知身體所有的器官或大腦的某些部分關於懷孕的訊息。開啟患者與自己身體之間的對話，讓所有器官甚至所有細胞都對當下有清楚的意識。一旦大家接受了這個觀念並加以練習，那麼患者與自己身體將建立起全新的關係。你的身體就會成有意識的夥伴，守護者以及協助者，你對現實的看法也將徹底改變。

- 想解決自身問題的母親總是會將靈魂帶入到意識層次。

- 通常在流產後都會伴隨着深層的罪惡感與悲傷，因為告別一個無緣的靈魂是非常困難的。如果真的遇到這種情況，還是應該去告別。母親與無緣靈魂的對話可能非常傷感。害怕這個負擔，加上宗教與社會的不諒解與陳規舊習，使得母親對無緣寶寶的道別難上加難。這個情況

就像車庫裡停了一台壞掉的車，如果不搬走它，車庫裡就沒有空間讓新車進來！

- 如果懷孕是違願的，在中止妊娠前，你可以向未出生的靈魂解釋現狀並要求它離開胎兒的身體。所有的罪惡感都必須表達出來，並與所有「合作者」討論（包括胎兒靈魂，母親，以及所有相關的器官）。

- 當臨盆在即，我會同時告訴母親與寶寶的身體在最後時刻要做的準備。我還會要求母親的腦垂體與脊髓生產足夠的催產素與腦內啡。

- 我們會儘可能地燃起母親哺乳寶寶的意願，我們也會要求母親的腦下垂體分泌足夠的催乳素刺激母乳分泌。

- 一位有經驗的治療師能與胎兒的顱骶系統溝通，還能了解到任何有用的信息。

- 最後，你也可以問問還在子宮裡的寶寶，他／她希望出生的時刻，出生的日子，如果需要的話，你也可以告訴寶寶，他／她會以剖腹產的方式出生。

第十四章

親愛的靈魂，請問你從哪裡來？

如果你想嘗試理解你從何處來，可能就是那個萬物合一的宇宙。如果你還想看見這個萬物合一的宇宙，就必須用一點小技巧；你要讓自己脫離這個一體。這確實是個小技巧，因為如果你就是一體中的一部分，那怎麼能看到它呢？我們玩的遊戲是這樣的：先忘記一體宇宙的存在，如此你才能發現它。此外，玩這個遊戲還要遵守許多規則，因為我們需要一個軀體；軀體裡需要 DNA 以及情感；也許你自己都未曾察覺，但你真的會永無止盡地想去了解這個玩具——你的身體。

　　在某個特定的時刻，靈魂準備好離開一體的宇宙，成為肉身出現於這個世界中。經過幾次的旅程之後，你不想再做一尾毫無目的、游來游去的魚，而是想成為一名漁夫。這樣一來，你便可規劃行程或是人生使命，唯一需要你耐心等待的就是適合你的環境出現，待時機成熟你就能展開旅程。一旦你的行程安排被深植在 DNA 中，這一天便到來了，這也意味着你無法反悔，因為地球上正好有兩個人在做愛，同時他們向宇宙中傳達了一個訊息——對你來說，那就像一張回到地球的機票！那個信息可以解讀為：「我們兩人想要一個可愛的小孩，希望是個男孩，

因為男孩可以繼承我們家族的姓氏並接手家族生意。」當然，如果你收到這個邀請時，本打算以女孩子的身體來到世上，這樣你在隨後的人生旅途上便不太能好好的愛自己、接納自己了。有個機會你可以把握。大部分的旅程邀請是這樣的內容，「我們只是一時興起，並沒有採取防範措施，我們不太能分得清激情與愛情。如果有人因此而來，我們會非常震驚，因為我們完全沒意識到我們在發出邀請。」還有一种情況，比如「我剛剛被人侵犯了，還有人願意當我的小孩嗎？」就像文具店裡賣的五花八門的生日卡片，在宇宙中你可以找到各種各樣的邀請卡。那就是邀請信息被發送出去的時刻。

等待降臨世間完成「使命」的靈魂當然很多。當無形的能量重新被召回到能量場後，它將再一次轉化成物質體。這就出現了形體 —— 這個有限的空間，以及時間。現在，所有條件都具備了，接下來靈魂在這一世中，便通過我們的意識繼續尋找我們本需要了解的事情。對於靈魂來說，任何邀請的出現都是適逢其時，因為時間在萬物合一的宇宙中，是唯一存在的現象。很奇妙的是，你的靈魂不會去選擇你隔壁的鄰居家，或選擇那些在街上開賓士的人

家，而正好選擇你現在稱為爸爸和媽媽的家中。

大部分時候，只有最快、最強壯的精子才會進入卵子。不過在理想情況下，受精是愛的最高表現，是兩人情投意合、水乳交融的結果。這時，攜帶着這份能量和精神性激情的生命之種就能生發出來。而在成千上萬的生命之種中，獲得宇宙能量灌注的那一顆將會被點燃，從而開啟人生的旅程。

顱骶療法中有一個重要的環節，就是把患者帶回至受精前的那一刻。由此，讓患者重新與他們的最初使命相連，並幫助他們看到這個使命如此清晰、簡潔。當患者在與父母相處、學業上或是情感關係中出現無法釋懷的事情，這種治療手段就能為他們帶來莫大的幫助。從了解自己生命的初衷裡，便能清楚地看到他們的人生藍圖，也就比較容易的放下身上的重擔。

圖輯五

美麗的造訪者

這個系列將會清楚地展示一次完整的治療。為讀者選擇這項治療是因為它最能體現治療師與患者共同處在「入定」的狀態裡。在治療過程中,不需要做任何思考。整個治療都在最緩慢的顱骶韻律中進行,時間與思考都不存在。只有能量與空間。我在她的肚臍與第四腦室間建立連接。我的雙手很自然地就被帶到這兩個地方,這裡也是寶寶在過去九個月裡與母親的能量的連接之處。我們可以看出寶寶敞開大門邀請我。

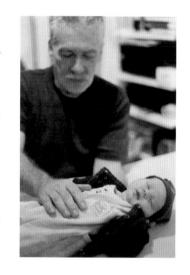

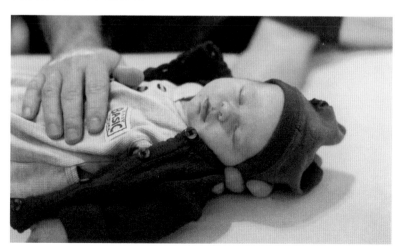

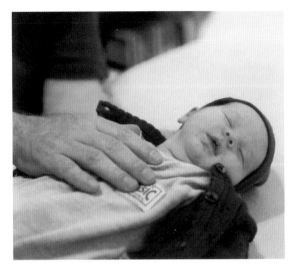

當我的右手慢慢地往上移動，我用左手留意寶寶的身體。

我察覺到寶寶的脊柱上有個小小的扭曲點，我便以最緩的速度跟隨它，同時讓我的意念發揮作用，直到一切都回位。

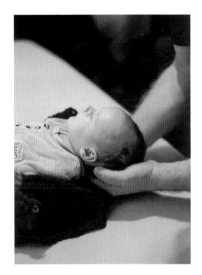

　　我聆聽寶寶的寰椎與枕骨的動靜,並用意念將它們分開。

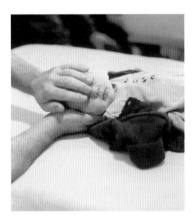

　　我用右手推開枕骨髁,左手將能量往下傳送。

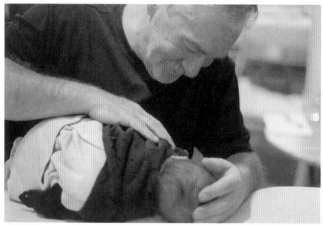

　　透過左手，能量被傳送到頸靜脈孔[⑮]，接着我在枕骨大孔[⑯]附近發現輕微的壓迫。

---

⑮　頸靜脈孔（jugular foramen）是在耳後枕骨與顳骨間的深溝處。

⑯　枕骨大孔（foramen magnum）是位於枕骨處的大孔，脊髓由此進入頭顱。

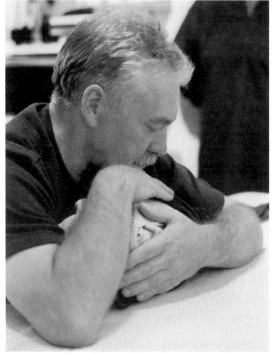

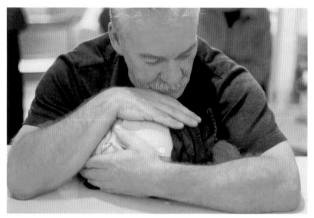

　　安全感、舒適感與親密感都來自萬物合一
的宇宙。

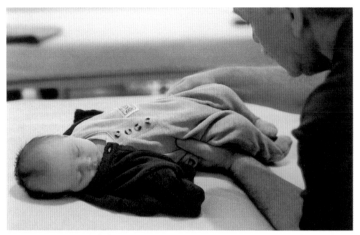

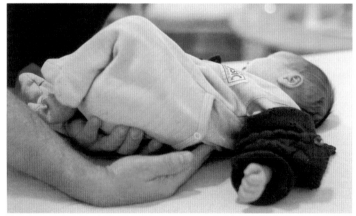

對寶寶的脊椎進行最後檢查

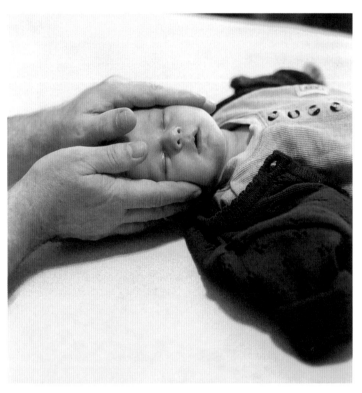

　　現在身體沒事了，祝你有一個美好的人生，可愛
的女孩！

第十五章

你可以而且也想要控制的事情

- 找到一個對**寶寶**友善的環境或是醫院；這裡的人都會視**寶寶**為一個有意識生命個體（而非一個影響放假的出生數字而已）。

- 「對**寶寶**友善」同時也指，讓**寶寶**和母親有時間建立他們的荷爾蒙連結（比如，允許**寶寶**還沒清洗身體前與母親的接觸，哺乳，調暗燈光或是減低噪音等）。

- 接種疫苗、滴眼藥水、割禮都不是迎接**寶寶**，並贏得**寶寶**信任的理想方式。

- 參與懷孕過程的爸爸是最理想的；今日有很多準父母可以參加的輔導課程，讓大家學習呼吸技巧，以及在分娩過程中如何互助的課程。

- 如果可以的話，避免使用任何鎮定劑，如果真的需要，確保母親不會因此產生罪惡感。

- 如果必須採取剖腹產，確保所有器官以及**寶寶**都知道將會發生甚麼事。

- 我還沒聽過因為接受顱骶治療而導致嬰兒猝死的案例。

- 小心的選擇**寶寶**出生的地點；你想分娩的地方。

　　　　「就在分娩的痛苦考驗剛剛結束，N.V.（這位母親）正等着護士將啼哭的**寶寶**放在她的胸前，婦產科醫院的勒

索程序就開始了。這位母親說,在她甚至還沒看到孩子之前,護士就把寶貝帶走了,此時一名服務人員向她索要贖金。她的家人被告知,如果想要見孩子一面,男寶寶就要付 12 盧比,女寶寶要付 7 盧比。調查證實,這種勒索技巧在這個城市裡非常普遍。」

印度班加羅爾,《國際先驅論壇報》,

2005 年 8 月 30 日

- 盡情地投入到你寶寶的成長當中去吧。

媽媽，你同意我愛上其他人嗎？

致 謝

　　遇到顱骶療法之前，我曾有過一些不尋常的體驗，包括深度冥想、瀕死體驗；我曾患有腎衰竭及心臟瓣膜症，後來我依靠身體的自癒能力而非藥物重獲健康。顱骶最終成了我畢生的事業，並讓我毫無倦怠的奔向自由，這也是深度冥想所給予我的。

　　雖然我的老師們教會了我如何運用顱骶療法的技巧，但我必須坦白，無論是他們傳授的方法，還是他們所使用的解剖學和胚胎學解釋，其實都相當空洞；不僅從不涉及人類的演化史，更不關心那些明顯從人體自身這個智慧系統裡傳遞出的真理。

正是這種缺憾開啟了我個人摸索顱骶療法的旅程，我想把我認為是對的並且最重要的概念分享給我的學生們。

我對嬰幼兒的所有認識，都是從我的伴侶麗桃那裡學習到的。是她教會了我如何與他們溝通，更重要的是，她讓我在用顱骶療法治療嬰幼兒時充滿信心。憑藉這份信心，我才能不斷地提高我的治療技能。

我還要感謝所有曾阻止我繼續探索的人們，因為他們，我得以更接近自由。這些人有很多，我十分感激遇到的這些挑戰。

最後，我感謝所有來找我們（麗桃和我）的嬰幼兒們。你們是我們的禪師。

孩子們受到禮遇，孩子們得到治療；他們記得生命如何開始，透過他們，我們也記起我們生命之端的模樣。

樸善文

我的人生伴侶麗桃幾年前抵達了生命的彼岸。她曾教會我走進嬰幼兒這個群體，並不斷地鼓勵我，讓我對從事的事業信心大增。

　　如今她的形體已不在，但我仍能感知到她，她的智慧在我的身體內外與我共存。

　　她令我的人生圓滿，並且準備好去完成我們於 30 年前開始的共同事業。

　　關於這本書的意義，麗桃曾這樣説，「我希望，我的攝影圖片能突顯出孩子與治療師之間的信賴與和睦之感。」

　　敬請欣賞我們的作品，希望能觸動你的生命。

麗桃和樸善文

關 於 作 者

樸善文（Etienne Peirsman）

樸善文曾在比利時某中學擔任體育及生物老師，他學習過很多療法以深入了解自己，如原始吶喊療法、呼吸重生療法、生物能療法等，並練習冥想以獲得最深刻的體悟。

樸善文的身體一度嚴重患疾，他在復原期間開始學習顱骶療法，從此他的生命與顱骶療法緊密相連。

上世紀 90 年代初，樸善文在美國開始顱骶教學事業。1994 年他應需於比利時創辦了第一所顱骶療法學校，其後又與太太在荷蘭阿姆斯特丹開辦顱骶療法學校，至今已踏入第 22 個年頭。

2005 年左右，樸善文受邀於美國的新墨西哥開設顱骶課程，並與太太移居到那裡，之後樸善文每年均在荷蘭與美國之

間往返教學。位於荷蘭的學校，目前已有 15 名常駐教師，美國方面，除了新墨西哥州的蒂赫拉斯（Tijeras）開辦寒暑期課程，華盛頓州的西雅圖亦有短期暑期課程。

2019 年，樸善文受邀來香港教學，並將香港納入他常設的顱骶教學點。除此之外，他還計劃將在美國北卡羅來納州的阿什維爾（Asheville）開辦另一所顱骶學校。

樸善文的下一本書也即將完成，仍然與嬰幼兒相關。在下一本書裡，他會詳細介紹一種很特別的分娩方式，以及胎盤在嬰兒出生前後的價值。此外，他還會討論教育的問題，以及如何教小孩子基本的顱骶療法。

麗桃（Neeto Peirsman）

　　麗桃曾於美國紐約州雪城（Syracuse）上城醫療中心的費爾曼兒童之家（專門為盲童興建的住所）擔任精神科助理。為了尋找自我，她於 1977 年搬到印度生活並工作了 13 年。與樸善文相遇後，便共同貢獻於顱骶治療領域。她後來曾一直以私人顧問的身份為新媽媽們提供生育及母嬰養護方面的建議。

　　若要深入了解他們的治療及教學工作，請參閱網站：
https://www.peirsmancraniosacral.com

參 考 書 目

以下這些書，有的是我在閱讀過程中獲得了愉悅之感，有些是為了我收集資料。

1. Blandine Calais-Germain, *The Female Pelvis*, Seattle, WA: Eastland Press, 2003.

2. Justine Dobson, *Baby Beautiful*, Carson City, NY: Heirs Press, 1994.

3. Daniel Goleman, *Emotional Intelligence*, London, England: Bloomsburry Publishing Plc., 1996.

4. Joseph Chilton Pearce, *The Biology of Transcendence, Rochester*, VT: Park Street Press, 2002.

5. Nicette Sergueef, Die *Kraniosakrale Osteopathie bei Kindern*, Kotzting/Bayerischer Wald, Germany: Verlag fur Osteopathie Dr. Erich Wuhr, 1995.

6. Franklyn Sills, *Craniosacral Biodynamics 2*, Berkeley, CA: North Atlantic Books, 2004.

7. John Upledger, *A Brain is Born*, Berkeley, CA: North Atlantic Books, 1996.

責任編輯	洪永起	
書籍設計	林　溪	
排　　版	周　榮	
印　　務	馮政光	

書　　名	樸氏顱骶療法 —— 嬰幼兒指南
作　　者	樸善文 (Etienne Peirsman)
攝　　影	麗桃 (Neeto Peirsman)
繪　　圖	劉莉莉
翻　　譯	梁小島　謝孟渝
出　　版	香港中和出版有限公司 Hong Kong Open Page Publishing Co., Ltd. 香港北角英皇道 499 號北角工業大廈 18 樓 http://www.hkopenpage.com http://www.facebook.com/hkopenpage http://weibo.com/hkopenpage
香港發行	香港聯合書刊物流有限公司 香港新界大埔汀麗路 36 號 3 字樓
印　　刷	中華商務彩色印刷有限公司 香港新界大埔汀麗路 36 號中華商務印刷大廈
版　　次	2019 年 11 月香港第 1 版第 1 次印刷
規　　格	32 開 (148mm×205mm) 192 面
國際書號	ISBN 978-988-8570-70-6
	© 2019 Hong Kong Open Page Publishing Co., Ltd. Published in Hong Kong

《樸氏顱骶療法 —— 嬰幼兒指南》為 2005 年荷蘭出版名為 *Cranio sacraal therapie voor baby's en kinderen* 的法文版之中譯本，並經作者親自修訂。

本書由 Metta 贊助出版。我們相信每人皆有自我療癒及創造的能力，我們在香港現有三個治療及課程中心，包括 5 gram、stillpoint 及 tutu，分別提供樸氏顱骶治療、體能治療課程與陶藝治療。

同時，我們亦負責統籌樸善文老師在亞洲區開辦的各級課程，詳情請參閱網站：www.metta.com.hk。另外樸氏顱骶於歐洲及美洲的課程資料，請到以下網站瀏覽：www.peirsmancraniosacral.com 或 www.bluedesert.org。